經營顧問叢書 ⑵⑶⑺

總經理如何領導成功團隊

呂嘉泉　編著

憲業企管顧問有限公司　發行

《總經理如何領導成功團隊》

序　言

　　是什麼決定了企業的成敗？美國麥卡錫顧問公司得出一個最新的結論：公司能否保持持續發展和改革，關鍵因素在於公司是否擁有一個成功團隊：一批懂經營、會管理、善溝通、願學習懂授權、善激勵的中層主管。他們能把老闆的意願、工作動能與市場現實這三股企業發展的動力有機地鏈結在一起，是企業願景、戰略決策、執行方案的有力執行者。

　　合作的最高形式就是團隊。每一個成功人物，都依託著一個成功的團隊。英雄都寓自己於成功團隊之中，個人因團隊而偉大，團隊是個人成長的舞臺。離開了合作，就無法成就任何事業。日本的經營之神松下幸之助說：「松下不能缺少的精神就是合作，合作使松下成為一個有戰鬥力的團隊。」

　　本書是為總經理而撰寫，針對企業高階主管（總經理）如何建立、領導你的部門團隊，並具體指出方法、步驟、重要關鍵點。高明的企業總經理，一定會重視管理團隊的建設，主動學習領導的方法，最終組成一支和諧的、高績效的、高效率的、強執行力的管理團隊。

《總經理如何領導成功團隊》

目　錄

第 *1* 章
成功團隊的特性

　　「團隊」也稱工作團隊，是通過其成員的共同努力，能夠產生積極協同作用的組織。成功團隊的特點是利用其團隊成員的協同能力使其優於一般群體，達成公司績效目標。

　　目標、人員、團隊定位、職權、計劃是構成了成功團隊的五個重要因素。

案例研究

　　黃昏時候，洪水最終撕開了江堤。一個個小院子，頃刻變成了一片汪洋。

　　清晨，受災的人們，三三兩兩站在堤上，無奈地凝望著水中的家園。忽然，有人驚呼：「看，那是什麼？」只見一個黑球，正順著波浪漂過來，一沉一浮，像是一個人！有人「嗖」地跳下水去，很快就靠近了黑球，但見他只停了一下，就掉頭回游，轉瞬上了岸。「一個『蟻球』。」那個人說。「蟻球？」人們不解。

　　說話間，蟻球正漂過來，越來越近，原來，是一個足球大小的蟻球！黑乎乎的螞蟻匝匝緊緊抱在一起。風浪波湧，不斷有小團螞蟻被波浪打掉，像鐵器上的油漆片兒剝離開去。人們看得目瞪口呆。

　　蟻球靠岸了。螞蟻一層層散開，像打開的登陸艇。蟻群迅速而秩序井然地一排排衝上堤岸，勝利登陸。岸邊的水中，仍留下不小的一團蟻球，那是英勇的犧牲者，它們再也爬不上來了，但它們的屍體，仍然緊緊地抱在一起。

　　我們生存在一個合作努力的時代中。幾乎所有成功的企業，都是在某種合作的形式下經營。在工商業、金融業以及各種行業中都是如此。

　　而且，人們已逐漸瞭解，最能有效運用合作法則的人，生存得最久，而且這項原則適用於從最低等的動物一直到最高級

的人類。

一位領導者如果能使他的屬下貢獻出全部能力，那是因為他在他們每個人的意識中灌輸了一種極為強烈的動機，使每一個人都能放棄他自己的個人利益，而以一種極為和諧的精神與團體中的所有人合作。

不管你是誰，也不管你的主要目標是什麼，只要你計劃經由其他人的合作努力而實現你的明確目標，那麼，你一定要在你所尋求合作的每一個人的意識中培養出一個動機，而且這個動機要強烈地促使他們向你提供完整、不自私的充分合作。

任何一個人要成功，就一定要有一個組織、一個團隊來共同達成目標。

前世界首富保羅·蓋蒂說:「我寧可用 100 個人每人百分之一的努力來獲得成功，也不要用我一個人百分之百的努力來獲得成功。」

讓我們向螞蟻團隊學習吧！

遠古非洲的先民們在茹毛飲血的生存體驗中，發現了一個令人震驚的自然規律：草原上如果見到羚羊在飛奔，那一定是獅子來了；如果見到獅子在躲避，那就是象群發怒了；如果見到數以萬計的獅子和大象集體奔跑的壯觀景象，那一定是螞蟻軍團來了！一個個渺小微弱的螞蟻不足掛齒，可是它們精誠團結所形成的螞蟻軍團，卻令世界上最強大的動物們聞風喪膽，這種「一人拼命，百夫難擋；萬人必死，橫行天下」的力量，正是團隊的價值所在。

　　倘若發揮團隊的作用，其威力和氣魄又該是何等的驚天動地！

　　在對團隊的基本分析中，團隊的概念、特點，團隊的構成要素以及團隊成員的角色等都是不可或缺的分析要點。

第一節　團隊的特性

　　「團隊」一詞，英文名為「Team」，直譯的最常用辭彙是「小組」，但該詞往往也稱工作團隊，即「Work Team」，其含義是通過其成員的共同努力，能夠產生積極協同作用的最低層次的組織。

一、團隊的概念

　　在管理科學和管理實踐中，人們有著基本一致的看法，即「團隊」一詞的概念是：一個組織在特定的可操作範圍內，為實現特定目標而建立的相互合作、一致努力的由若干成員組成的共同體。作為一個共同體，其成員們努力的結果，能夠使該組織的目標較好地達到，且可能使績效水平遠大於個體成員績效的總和。實際上，人們的觀點也有一些小的差異，如美國學者強調成員們協同合作後的巨大績效，更強調對每一個成員知識技能的合理利用，賈碩林、顏寒松更強調「其成員的行為之

間相互依存、相互影響」和「追求集體的成功」。由此也可見，我們應多方位和全面理解團隊範疇。

　　「團隊」一詞脫胎於工作群體，又高於工作群體。所謂群體，是指為了實現某個特定目標，有兩個或兩個以上相互作用、相互依賴的個體的組合。在優秀的工作群體中，成員之間有著一種相互作用的機制，他們共用資訊，作出決策，幫助在其中的其他成員更好地承擔責任、完成任務。這其實已經蘊含著一些「團隊」的精神。但是，在工作群體中的成員，不存在成員之間的積極的協同機制，因而群體是不能夠使群體的總體績效水平大於個人績效之和的。圖 1-1 列示了工作群體與當代管理學所追求的工作團隊的區別。

圖 1-1　工作群體與工作團隊的對比

工作群體		工作團隊
明確的領導者	← 領導 →	分擔領導權
組織的	← 目標 →	可自己形成
中性（有時消極）	← 協同配合 →	積極
個體化	← 責任 →	個體的並且是共同
隨機或不同的	← 技能 →	的
個人產品	← 結果 →	相互補充

　　上述定義和圖 1-1 的比較有助於說明：團隊為組織創造了一種潛力，能夠使組織在不增加投入的情況下，提高產出水平。

　　需要注意的是，組建團隊並不「包治百病」，僅僅把工作群體換個稱呼，改成工作團隊，並不能保證在組織中一定會產

生協同作用，提高組織績效。

二、團隊的特點

下面將對團隊的特點進行闡述，這些特點正是團隊優於一般群體的所在。

1.「機構」具有不確定性

如果把團隊看做是一種「機構」，則它的組建、調整和撤銷需要根據組織的實際情況決定，甚至隨時會有變更。而由一般群體構成的職能部門則是一個較穩定的機構，其成員的角色很難變化，變化的只是其中的某些人員，正所謂「鐵打的營盤流水的兵」。

2.職責明確

團隊對其中的每個成員的工作職責範圍劃分很明確，並且規定了資訊的出口和入口，有嚴格的工作流程。一般群體則是部門職能很清楚，而每位成員的具體工作往往由部門經理隨意安排。

3.沒有等級區別

在團隊中沒有科層制即等級制，也沒有領導者或管理他人的人，只有「團隊協調人」。團隊協調人既可以由組織任命，也可以由團隊成員選舉產生。群體則有部門經理，且部門經理一般很難更換。團隊協調人沒有命令團隊其他成員工作的權力，只是在團隊內部發生衝突和團隊對外交往時起到調解人的作用。而且，團隊協調人也有在團隊中自己要完成的本職工作。

此外，團隊協調人與團隊的其他成員關係平等，他並不一定是團隊中待遇最高的成員，與其他成員相比他沒有任何額外津貼。

4.資訊溝通充分

在團隊之中，資訊溝通的方向是平行的。而一般群體的資訊溝通是依據組織的層級結構，按「自下而上」，再「自上而下」的垂直方向進行。

5.有利於取得效益

與上一特點相關，在一個組織的團隊之中沒有內耗，成員們「馬不揚鞭自奮蹄」，組織的高層領導人需要直接處理的事情很少，因而能夠把精力集中在本組織重要問題的處理和重大決策上。可以說，團隊的這種格局與現代組織的扁平化趨勢是一致的，非常有利於組織取得效益。

第二節　團隊構成的要素

團隊的構成有幾個重要的因素，管理學家把它們總結為「五個 P」。

1.目標(Purpose)

每個團隊都應該有一個既定的目標，這可以為團隊成員們導航，使其知道向何處去。沒有目標的團隊是沒有存在意義的。

2.人員(People)

個人是構成團隊的細胞，一般來說，三個人以上就能構成

團隊。團隊目標是通過其成員來實現的，因此人員的選擇是團隊建設與管理中非常重要的部分。

3.團隊定位 (Place)

團隊的定位包含兩層意思：一是團隊整體的定位，包括團隊在組織中處於什麼位置，由誰選擇和決定團隊的成員，團隊最終應該對誰負責，團隊採取什麼方式激勵下屬等；二是團隊中個體的定位，包括成員在團隊中扮演什麼角色，是指導成員制定計劃，還是幫助其具體實施或評估等。

4.職權 (Power)

團隊的職權取決於兩個方面：一是整個團隊在組織中擁有什麼樣的決定權；二是組織的基本特徵，例如，組織的規模有多大，業務是什麼等。

5.計劃 (Plan)

從團隊的角度看，計劃包括兩層含義：一是由於目標的最終實現需要一系列具體的行動方案，因此可以把計劃理解成目標的具體工作程序；二是按計劃進行可以保證團隊的工作順利，只有在計劃的規範下團隊才會一步步地貼近目標，從而最終實現目標。

打造你的成功團隊　培訓遊戲

遊戲名稱：空中飛人

主旨：

本訓練能夠幫助學員建立臨危不懼的自信心，挖掘自身的潛力；培養心理調節能力，增加自我控制能力和自我管理能力；提高勇於把握機遇的膽略。因此，本遊戲特別適合於基層員工和基層管理人員參加，通過他們的奮力一躍，挑戰自我心理極限。

◎遊戲開始：

人數：20 人左右

時間：共約 60 分鐘

場地：室外

材料準備：固定於地面的高約 10 米的樓梯，相應的安全設施(保護繩、安全帶、頭盔等)

◎遊戲步驟：

1.學員繫好保護繩、戴好安全帶、頭盔等保護設施，所使用的保護繩和安全帶應可以承受 2 噸左右的衝墜力。

2.學員在週全地保護下，依次獨立爬上約 10 米高的樓梯，站穩後，雙腿同時用力蹬出，雙臂前伸，抓住掛在上前方約 2 米的單杠。

3.在項目過程中，經驗豐富的培訓師會隨時保護學員的安全。

4.所有學員訓練結束後，由培訓師帶領學員討論本訓練

的感受和啓示。

◎遊戲要點：

1.不要給自己設立上限，應該敢於挖掘自己的潛能，實現更高的目標。只需要下定決心，就可以完成看似不可能完成的任務。你惟一所要做的就是躍起，緊緊抓住目標。在空中飛騰的刹那間你會明白，原來成功離你只有一步之遙。

2.做決定時果斷是一種優勢，在樓梯上站立的時間越久，樓梯抖動得就越劇烈，而跳躍的勇氣就越來越小，患得患失才是成功最大的敵人。這就是我們經常說的「當十全十美的計劃出爐時，十全十美的機遇已經溜走了」。

3.隊友的鼓勵對於實現目標相當重要。如果沒有隊友的鼓勵，可能爬到中途就半途而廢了。

4.這種看似很容易的遊戲卻讓許多人望而卻步或是臨陣脫逃。原因何在呢？主要是因爲我們很多時候很難戰勝自己。

捫心自問：生活中，我們給自己規定的極限是否大大低於實際上能夠達到的程度？對於想要達到的目標我們是否竭盡全力了？在生活與工作中，我們往往要面對很多機遇，做出許多抉擇，作抉擇需要的是勇氣，把握機遇需要的是決心。但很多時候我們站在原地考慮所有的利弊，考慮了太多的「萬一」，讓機遇在我們猶豫不決之時與我們擦肩而過。可當你經過拓展訓練後，你就會發現其實生活中有些事情就像上面的訓練一樣，本來沒有那麼複雜，只是因爲我們的心理負擔太重，顧慮太多，以至於事情尚未發生，心理上的困擾早已跑到了事實前面。

打造你的成功團隊　培訓遊戲

遊戲名稱：不一樣的拔河

主旨：

達爾文說過：「生存下來的，不是最強壯的，也不是最聰明的，而是最適應變化的。」同樣，在一個多變的訓練項目中獲勝的道理也是如此。

◎ **遊戲開始：**

人數：6人

時間：10分鐘

場地：空地或操場

材料準備：6個坐墊(報紙)和結繩

◎ **遊戲步驟：**

1. 6個人圍成圓圈，坐在坐墊上。

2. 給6個人發放結繩，各自要抓好自己的一端，培訓師發出信號後即可開始拔河，拔河時身體必須坐好。

3. 出了坐墊或放開繩子的人就被淘汰，最後留下來的人得勝。

4. 訓練結束後，由培訓師帶領學員討論下列問題：

(1) 你認為力氣大的人就一定能取勝嗎？

(2) 和競爭對手在一起時，你是否運用了技巧打敗了對手？

◎ **遊戲要點：**

此遊戲並非有力氣的人一定得勝，讓大家體驗在經營中進行借力使力的道理。

第 *2* 章
成功團隊的目標

　　建立高績效的團隊，首要任務就是確立團隊的目標。團隊目標是團隊決策的前提，也是團隊運作的核心動力。沒有目標就沒有方向，沒有目標的團隊，就猶如一盤散沙。有了目標，才有鬥志，才能凝聚團隊精神，也才有行動力。

案例研究

有一位獵人帶著 3 個孩子，到沙漠上去獵殺駱駝。

不久，他們到達了目的地。

父親問老大：「你看到什麼？」

老大回答：「我看到了獵槍、駱駝，以及一望無際的沙漠。」

父親搖頭說：「不對。」

父親以相同的問題問老二。

老二回答：「我看到了爸爸、大哥、弟弟、獵槍、駱駝，還有一望無際的沙漠。」

父親又搖頭說：「不對。」

父親又以相同的問題問老三。

老三回答：「我只看到駱駝。」

父親高興地點頭說：「答對了！」

故事告訴我們，目標確立後，必須心無旁騖，集中全部精力，注視目標，並朝目標勇往直前，這是邁向成功的第一步。

在蘇格蘭民間有一句諺語：其實頂上就是一片懸崖。人們稱之為「黑暗里程」。在日常生活和工作中，我們遲早也要走過這樣一段黑暗而危機四伏的路程。

試著給自己設定一個看得見的目標，把天梯搬到自己的腳下，我們就一定會攀緣過去。

第一節　共同願景，共同打拼

要建立高級效團隊，首要的任務就是確立團隊的目標。目標是團隊存在的理由，也是團隊運作的核心動力。

團隊目標是團隊決策的前提。沒有目標的團隊只能走一步看一步，處於投機和僥倖的不確定狀態中，風險係數大，就像汪洋中的一條船，不僅會迷失方向，也難免觸礁。

任何一個團隊，都有義務和責任為其成員構築共同的願景和目標。

一、共同願景

美國著名心理學家馬斯洛說：「傑出團隊的顯著特徵，是具有共同的願景。」可以說，擁有共同的願景和目標是企業獲得成功的重要因素之一。

(一)共同願景

所謂共同願景，英文為「Shared Vision」，其含義是一種描繪組織目的、使命和核心價值理念的，濃縮的未來發展「藍圖」，是一個組織最終希望實現的美好前景。

世界 500 強中的許多企業都不乏其願景：

惠普公司──爲人類的幸福和發展作出技術貢獻；

波音公司──領導航空工業：永爲先驅；

沃爾特‧迪士尼公司──帶給千萬人快樂；

3M 公司──創造性地解決那些懸而未決的問題；

新力公司──體驗發展技術、造福大眾的快樂；

沃爾瑪公司──給普通百姓提供機會，使他們能買到與富人一樣的東西；

華爲公司──在電子資訊領域實現顧客的夢想，並依靠點點滴滴、鍥而不捨的艱苦追求，成爲世界級領先企業；

聯想集團──高科技的聯想、服務的聯想、國際化的聯想。

(二)目標

所謂目標，是指個人與組織進行某種活動所從事範疇或追求對象的具體標準。目標管理在現代組織管理中具有非常重要的功能，在一定意義上，這種管理構成現代管理最關鍵的內容之一。

目標與願景有著緊密的、內在的聯繫。願景作爲一種遠見，比具體的目標要寬、要大、要高。團隊對於要達到的團隊願景要有清楚的瞭解，並堅信這一願景包含著重大的意義和價值，這種意義和價值往往要有所體現，目標正是具有體現願景的功能。而且，團隊願景還激勵著團隊成員把個人目標昇華到群體目標中去。

例如，美國的蘋果電腦公司設計開發麥金塔什電腦的團隊成員幾乎都承諾要「開發一種用戶適用，方便可靠的機型」，這

種機型將給人們使用電腦的方式帶來一場革命。

一個最關鍵的因素，就是爲自己所從事的事業尋找意義。也就是說，你怎樣才能讓其他人感覺，他們所從事的工作就如同尋找聖杯那樣偉大。爲此，團隊的成員通常會用大量的時間和精力來討論、修改和完善一個在集體層次和個人層次上都能被接受的願景，從而把成員們的才華和努力轉換成團隊的資源。

二、團隊目標從那兒來

首先，團隊目標來自於團隊的願景，人因夢想而偉大，團隊亦然。願景是勾勒團隊未來的一幅藍圖，是明日的美夢與機會，它告訴團隊「將來會怎麼樣」。具有挑戰性的願景可能永遠也無法實現，但它會激勵團隊成員勇往直前的鬥志。

再重要的任務也只能維繫團隊數日、數月的合作，而願景則持續更久。好的願景能振奮人心，啓發智慧，但如果沒有目標配合完成，願景只能是一堆空話。目標是根據願景而制定的行動綱領，也是實現願景的手段。

第二節　崇高的目標是團隊前行的動力

有一年，一支英國探險隊進入了撒哈拉沙漠，在茫茫的沙海裏負重跋涉。陽光下，漫天飛舞的風沙像炒紅的鐵砂一般，撲打著探險隊員的面孔。

口渴似炙，心急如焚——大家的水都沒有了。

這時，探險隊長拿出一隻水壺，說：「這裏還有一壺水。但在穿越沙漠之前，誰也不能喝。」

一壺水，成了大家穿越沙漠的信念的源泉，成了求生的寄託目標。

水壺在隊員手中傳遞，那沉甸甸的感覺使隊員們瀕臨絕望的臉上又顯露出堅定的神色。

終於，探險隊頑強地走出了沙漠，掙脫了死神之手。大家喜極而泣，用顫抖的手擰開了那壺支撐他們精神和信念的水——緩緩流出來的，卻是滿滿的一壺沙子！

探險隊之所以能夠走出沙漠，是因爲有一壺水這樣一個人人渴求的目標，使他們戰勝了生理和心理方面的極限，發揚了挑戰自我、堅持不懈的團隊精神，最終握住了生命之手。

一、沒有目標就沒有方向

英國詩人華茲華斯說：「崇高的目標能切實地保持，就是崇高的事業。」

一個團隊沒有目標，團隊成員就沒有奮鬥的方向，沒有奮鬥的方向；團隊就猶如一盤散沙，大風一起，四處飛揚。因此，團隊要選定一個崇高的目標，並採取有效的策略使大家認同這一目標，這樣就可以凝聚每位成員的想法，使共同目標有足夠的吸引力，吸引大家為之努力和奮鬥。所以，崇高的目標是團隊精神的核心動力。

三國時代，群雄並起。劉備為了「光復漢室」，與桃園三結義的另外兩個兄弟關羽、張飛東拼西殺，始終沒有什麼成就。正在苦惱之時，劉備獲悉有一位世外高人隱居在南陽臥龍崗的幾間草房中，於是不惜三顧茅廬，請諸葛亮出山。諸葛亮也被劉備的誠意所感動，決定輔佐劉備，在草屋中把天下的形勢分析一遍，向劉備提出了「聯合孫權、共抗曹操，西取成都，佔據天府之國，進而北上收復中原，光復漢室」的宏偉目標。

正是因為諸葛亮給劉、關、張描繪了一幅可實現的「崇高目標」，才使得這一團隊進發了空前的能量，三分天下而有其一。

擁有崇高的目標對於團隊成功來說是最關鍵的。他說：「你連目標都輸給第一名，難怪你是第二名的料。」

美國前總統甘迺迪曾經提出了歷史上最著名的團隊目標

宣言。那是在 1962 年，他說：「我深信我們應該在 60 年代結束之前，盡全力實現讓人類登上月球並安全返回地球的目標。」毫無疑問，這項聲明清晰地指出了團隊的目標與達到目標的時限。

有了目標才有動力。確立目標之後，還要針對這個目標有效地整合各種資源，才能發揚團隊精神，使大家心往一處想，勁往一處使，只有這樣才能取得成功。

所以，團隊領導最先要做的就是確立一個適合團隊發展的目標。明確的團隊發展目標是激起員工積極性、發揚團隊精神的有效手段。員工越瞭解團隊目標，其團隊的歸屬感就越強。團隊就越有向心力、凝聚力。

世界知名公司都有自己的目標。比如通用電氣(GE)公司的前總裁傑克·韋爾奇最初為 GE 制定的目標是：「在我們服務的每一個市場中，要成為數一數二的公司，並且改革公司，使其擁有小企業一般的速度和活力。」

松下幸之助在 1955 年宣佈了松下集團的「五年計劃」，計劃用五年時間，使松下電器公司的效益從 220 億元增加至 800 億元。這種做法讓員工看到了光明的前景，也震驚了整個企業界。有了發展目標，從此員工士氣大振，與松下先生一道構築起松下電器王國。

適時地提出團隊發展目標，是團隊領導的重要職責。無論面臨何種困境，領導都要讓員工對未來充滿希望，給他們以美好的夢想；如果做不到這一點，就不是一個合格的團隊領導。

二、制定目標的原則

1.確定團隊目標的五個原則

⑴瞭解由誰確定團隊的目標。團隊目標的確定需要幾方面的成員：領導者必須參加；團隊的核心成員，也可能是團隊的全體成員都參與。

⑵團隊的目標必須與團隊的願景相連接，兩者的方向相一致，所以團隊目標必須與團隊的願景，即團隊發展的目的相連接。

⑶必須發展一套目標運行的程序以隨時糾正偏差或修正目標。目標確定後不一定是準確的，還需要根據監督、檢查的情況隨時向正確的方向引導。

⑷實施有效目標的分解。目標來自於願景，願景又來源於組織的大目標，而個人的目標來自於團隊的目標，它對團隊目標起支援性的作用。

⑸必須有效地把目標傳達給所有的成員和相關的人員。相關的人員可能是團隊外部的成員，如相關的團隊、有業務關係的團隊，也可能是團隊的領導者。

2. SMART 原則

制定目標要遵循一個「黃金準則」——SMART 原則。SMART是英文中 5 個詞的第一個字母的匯總，具體內容如下：

S(Specific)——明確性

所謂明確就是要用具體的語言清楚地說明要達到的行為

標準。明確的目標幾乎是所有成功團隊的一致特點，有很多團隊不成功的重要原因之一往往就是目標模棱兩可，或沒有將該目標有效地傳達給相關成員。

例如，「增強客戶的意識」這個目標的描述就很不明確，因為增強客戶意識有許多具體做法，如：

- 減少客戶投訴，如過去客戶的投訴率是 3%，現在把它減低到 1.5%6 或者 1%。
- 提升服務回應的速度，也是增強客戶意識的一個方面。
- 使用規範禮貌的用語。
- 採用規範的服務流程。

目標描述不明確就沒有辦法進行評判、衡量，所以建議進行這樣的修改，如，我們將在月底前把前臺收銀的速度提升至正常的標準，這個正常的標準可能是兩分鐘，也可能是一分鐘，或分時段來確定標準。

M(Measurable)──可衡量性

可衡量性就是指目標應該是明確的、可衡量的，而不是模棱兩可的；應該有一組明確的數據，作為衡量是否實現目標的依據。例如，「為所有的老員工安排進一步的管理培訓」。「進一步」是一個既不明確也不容易衡量的概念，可以改進為：在某個時間前完成對所有老員工關於某個主題的培訓，並且在這個課程結束後，學員的評分要在 85 分以上，低於 85 分就認為效果不理想。這樣就變得可以衡量了，這個目標在可衡量性特徵上就符合標準了。

如果對於制定的目標沒有辦法進行衡量，就無法判斷該目

標是否已經實現。但並不是所有的目標都可以衡量,有時也會有例外,有些大方向性質的目標就難以衡量。

A(Acceptable)──可接受性

制定目標時,人們總是希望越高越好,領導也有這種期待。但目標是要能夠被執行人所接受的,如果領導者利用一些行政手段,或者權力性的影響力一廂情願地把自己所制定的目標強壓給下屬,下屬典型的反應就是心理和行為上的抗拒──「我可以接受,但是否能夠實現這個目標,我可沒有把握」。一旦這個目標無法實現的時候,下屬就有理由推卸責任──「我早就說過這個目標肯定實現不了,但你堅持要壓給我」。

制定目標通常有如下三種方式:

第一種,自上而下,由上司確定,之後由下屬去實現目標。

第二種,自下而上,由下屬制定,制定後由領導者批准。

第三種,雙方共同制定。

無論採用那一種方式制定目標,上下級之間都必須通過溝通來達成共識。

「控制式」的領導者喜歡自己制定目標,然後交給下屬去完成,他們不在乎下屬的意見和反應,這種做法在當前越來越不被大多數人所接受。今天員工的知識層次、學歷、素質都遠遠超出從前,面對這種情形領導者應該更多的吸收下屬來參與目標制定的過程,那怕是團隊整體的目標。

R(Realistic)──實際性

目標的實際性是指在現實的條件下是否可行、可操作。可能會出現兩種情形:一方面領導者樂觀地估計了當前的形勢,

低估了實現目標所需要的條件，這些條件包括人力資源、硬體條件、技術條件、系統資訊的條件和團隊的環境因素等，以至於下達了高於實際能力的指標；另外，可能花了大量的時間、資源，甚至人力成本，最後確定的目標根本沒有多大的實際意義。

　　例如，一位餐廳的經理制定的目標是：把早餐時段的銷售額在上月早餐銷售額的基礎上提升 15%。仔細算一下就可以知道，這只是增加幾千塊錢銷售額的概念，如果把它換成利潤則是一個相當低的數字，但為實現這一目標，可能投入的花費會比所得利潤還要高。

　　這就是一個不太實際的目標，投入了大量的資金，結果得不償失。

　　團隊目標的實際性要從兩個方面進行考慮：第一，是不是高不可攀，無法實現；第二，是否符合團隊對於這個目標的投入產出期望值。

　　有時對於目標的實際性還需綜合衡量，如我們的目的就是打敗競爭對手，所以儘管獲得的利潤並不高，但打敗競爭對手是主要目標，在這種情形下的目標就是實際的。

T(Timed) —— 時限性

　　目標特性的時限性就是指目標是有時間限制的。沒有時間限制的目標是沒有辦法考核的，或者會帶來考核上的不公平。上下級之間對於目標輕重緩急的認識程度完全不同，如上司非常重視，希望儘快實現目標，但下屬並不知情，在一定的時限內目標未實現，上級可能會暴跳如雷，而下屬也會覺得委屈。

這種沒有明確時間限定的方式也會帶來考核的不公正，破壞工作關係，降低下屬的工作熱情。

　　例如，「我將在 2002 年 5 月 31 日之前完成某事」，「5 月 31 日前」就是一個確定的時間限制，上級在 5 月 31 號之後的任何一天都可以檢查該目標是否實現了。

三、設定具體目標

　　成功的團隊會把他們共同的願景轉變為具體的、可以衡量的、現實可行的績效目標。例如，某企業的業績要「在幾年內翻一番」，或者在某時間「市場佔有率達到第一」。

　　應當說，團隊本身目標的設定過程與團隊成員個人目標的設定過程是一樣的。但是，如果強調「團隊」的目標，這時所看重的是成員們的齊心協力，共同完成某一項任務。正因為團隊的目標必須由團隊成員共同完成，因此，這些目標就必須是大家都能接受的，也就是說，團隊裏的每一位成員都應有機會參與團隊目標的設定。此外，個人目標必須和團隊目標相容共處，並且能夠相互支援。

四、團隊目標一定要清晰明確

　　曾經有人做過這樣一個實驗：

　　組織三個小組，讓他們沿著公路步行，分別向十公里外的三個村子行進。

　　甲組不知道去的村莊叫什麼名字，也不知道它有多遠，只告訴他們跟著嚮導走就是了。這個組剛走了兩三公里就有人叫苦了。越走的遠，人們的情緒就越低，很快就潰不成軍。

　　乙組知道去那個村莊，也知道它有多麼遠，但是路邊沒有里程碑，人們只能憑經驗估計需要走兩個小時左右。這個組走到一半時才有人叫苦，大多數人想知道他們已經走了多遠了，比較有經驗的人說：「大概剛剛走了一半兒的路程。」於是大家又簇擁著向前走。當走到 3/4 路程時，大家情緒低落，覺得疲憊不堪，路程似乎還長著呢！當有人說快到了時，大家又振作起來，加快了腳步。

　　丙組最幸運。大家不僅知道所去的是那個村子，它有多遠，而且路邊每公里有一塊里程碑。人們一邊走一邊留心看里程碑。每看到一個里程碑，大家心裏便有一陣小小的快樂。這個組中人們的情緒一直很高漲。走了七八公里之後，大家確實都有些累了，但他們沒有叫苦，開始大聲唱歌、說笑，以消除疲勞。最後的兩三公里，他們越走情緒越高，速度反而加快了。因為他們知道，那個要去的村子就在眼前了。

　　這個實驗說明：當人們的行動有著明確的目標，並且把自己的行動與目標不斷地加以對照，清楚地知道自己行進的速度和不斷縮小到達目標的距離時，人們的行動動機就會得到維持和加強，就會自覺地克服一切困難，努力達到目標。

　　由此可見，一個清晰的團隊目標對激發團隊成員的積極性，對達成目標的質量，對團隊精神的發揮有多麼重要。

　　歌德說過：「每一步都走向一個終於要到達的目標，這並

不夠，應該每一步就是一個目標，每一步都自有價值。」對一艘盲目航行的船來說，任何方向的風都是逆風。

　　沒有目標，團隊成員的熱忱便無的放矢，無處歸依。有了目標，才有鬥志，才能凝聚團隊精神，也才能開發他們的潛能。

　　想進地獄就隨波逐流，想去天堂就得掌握前進的方向。團隊確定了合理的目標，就等於實現了目標的一半。

　　一個沒有目標的團隊，是不能把人聚集到一起來的。

第三節　建立團隊目標

一、團隊目標設定的原則

　　團隊目標的設定應掌握以下原則。

　　1.每一位成員分別選擇團隊目標。如果團隊所有成員都能參與選擇團隊目標，則投入的程度將會大大提高。應該鼓勵所有團隊成員儘量挑選那些既能使團隊獲益，又能滿足個人需求的目標。

　　2.目標要有挑戰性。具有挑戰性的目標可以給成員一定的壓力，而適度的壓力又會成為實現團隊目標的動力。同時，具有挑戰性的目標還可以激起下屬的潛能和工作熱情，使成員提高自己的素質，不滿足於現狀。當挑戰性目標完成時，會給整個團隊帶來一種成就感。制定挑戰性目標應考慮所在市場的環

境、競爭以及下屬的自信心等方面的因素。

　　3.強化發展的信念。面對偶爾的失敗，團隊及其成員必須給自己這樣的鼓勵和積極的心理暗示:「我們需要的是嘗試新的思維方式和行為模式，有經歷失敗和尋找成功的新工作方式的準備。」

　　4.關注各方面的表現。在團隊實現目標的過程中，要隨時追蹤每一階段的進展，正確地給予激勵，或給予重新培訓的機會，齊心協力地把每天的活動轉化為達到目標的一部分。

二、建立目標的步驟

　　建立團隊目標的過程不是討價還價的過程，而是上下級之間進行目標對話的過程，這一過程可以分為以下六個步驟：①充分瞭解雙方的期望；②分析實現目標所需的資源和條件；③尋求解決的途徑和方法；④正視分歧，尋求共同點；⑤以積極的態度討論目標；⑥尋求自身的改進之道。

三、建立目標的程序

　　建立目標有以下幾個程序：列出符合 SMART 標準的目標；列出上述目標所帶來的好處；列出完成目標會碰到的困難和障礙及相應的解決方法；列出完成這個目標所需的知識和技能；列出為達到這個目標必須合作的對象；確定目標完成的日期。

四、團隊目標設計的檢測

一個團隊的目標設計是否合理，可根據表 2-1 進行檢測。

表 2-1　團隊目標設計是否合理

問題		肯定清楚	猶豫、不清楚
團隊目標是否包含了工作的主要特質？			
團隊目標是否是多樣化的並且有主次？			
團隊目標數目合適嗎？			
團隊目標是可考核的嗎？			
團隊目標是否規定了：	數量？		
	質量？		
	時間？		
	效率？		
團隊目標具有挑戰性嗎？			
團隊目標之間是協調一致的嗎？			
團隊目標的總和是組織的總體目標嗎？			
團隊目標中包含長期規劃嗎？			
團隊目標的確定確有實據嗎？			
團隊目標的表述是否清晰？			
團隊目標得到了下屬的認同嗎？			
團隊目標能否隨時提供反饋，及時糾正偏差？			
所有團隊目標的實現是組織資源所允許的嗎？			
按團隊目標完成的質量設計好獎懲計劃了嗎？			

測試方法：根據團隊目標設立的狀況，回答各個問題，如果回答的是「肯定清楚」，則在該欄題後畫「√」，在你沒有畫「√」或者在你還很猶豫的問題前，一定要再仔細地考慮一下。

通過該表可以看出團隊目標設計是否存在漏洞或者是否有可改進之處。

打造你的成功團隊 培訓遊戲

遊戲名稱： 找出活門

主旨：

當一個人處於生死攸關的時候，往往是發揮自身最大潛力的時候。本遊戲通過一則簡短的故事，充分地說明了人的創新思維和邏輯思維能力的重要性，在解決企業難題時，是至關重要的。

◎ 遊戲開始

時間：10 分鐘

人數(形式)：集體參與

◎ 遊戲步驟：

1.首先，培訓師給大家講一個英雄的故事：

英雄能抱得美女歸嗎？

從前，在一個國家裏，有個英雄不小心犯了法，定罪之後，關在一個特別設計的囚房裏。這個囚房有兩個門，都沒有上鎖。一個門是活門，如果他打開這個門，走出去，不但自由了，外邊還有美女等他哩；另外一個門是死門，如果他打開這個門，走出去，他便完蛋了，因為，門外等著他的是一群饑餓的獅子。囚房裏有兩個守衛，一個十分誠實，從不說假話；另一個則是從不說實話。他們兩個人，都知道那一

道門是活門，那一道門是死門。

依據他們國家的法律規定，這位英雄囚犯在執刑之前，可以問這兩個衛士三個問題，而且最多只能問三個問題，是一共只問三個問題，不是向每人問三個問題。

2.有二道門，一個活門，另一個是死門。

3.問學員，如果你是那一位英雄囚犯，你需要幾個問題？如何問法才能獲得自由？

◎績效評估與討論：

1.你會問什麼樣的問題，讓守衛告訴你那個是活門，那個是死門？有沒有更好的問法？

2.本遊戲給我們的日常工作可以帶來什麼啟示？

3.在我們日常的工作中，要能時時刻刻地發揮我們的想像力和創造力，對於各種問題的解決方案都不應該滿足於很好，應該去尋求最好，這樣才能最大限度地發揮我們的潛力，創造出更優秀的業績。

◎參考答案：

也許，聰明的你只要兩個問題就夠了。因為關鍵就在於測出那一位是不說實話的人或那一位是說實話的人。所以，你隨便問一個人：「你是衛士嗎？」或者問：「這兩道門有一道門是活門，有一道門是死門，對不對？」如果他是誠實的人，答案必定是肯定的；否則便是否定的。然後，接下來的問題是：「那一道門是活門？」你將輕易過關，等著美女迎接你。

也許有人更神氣的說：「只要一個問題便可以解決。」真

的耶！如果英雄問：請問你(隨便問那一個衛士)，如果我問他(指另外一位衛士)，那一道門是活門，他會告訴我是那一道門嗎？不論答案指的是那一道門，你都從另一道門出去，包準門外有美女相迎。想通了嗎？這是典型的邏輯思考模式。

心得欄
_____
_____
_____
_____
_____
_____

第 *3* 章
成功團隊的精神

　　團隊成員為了實現團隊的利益和目標而相互協作、盡心盡力的意願和作風，是成功團隊的特質。團隊成員之間高度相互信任的精神能加強團隊成員的合作意識，能更快更好地達成團隊目標。

案例研究

　　你也許曾看過這個故事的某個版本，但這裏我們所要引申的是另外一個意義。

　　一天，一群男孩在樹林裏遠足，他們來到一段早已廢棄、穿林而過的鐵軌旁邊。一個男孩跳上一條軌道，想在上面走，只走了幾步，就失去了平衡。另一個男孩又想試試，也失敗了。其他人都笑了起來。

　　這個男孩叫道：「我打賭你們也走不到頭。」男孩們一個接一個上去試，都沒有成功。就連其中最棒的運動員也走不到十幾步就跌了下來。

　　這時，有兩個男孩耳語了一會兒，其中一個向其他夥伴發出了挑戰，說：「我能在鐵軌上一直走到頭，他也能。」他指了指另外那個同伴。

　　「不可能，你們辦不到。」一個試過的男孩說。

　　「賭一根棒棒糖。」他答道。夥伴們都接受了這個賭注。

　　出挑戰的兩個男孩分別跳上一條鐵軌，伸出胳膊，彼此牢牢地牽住手，小心翼翼地走過了整條鐵軌。

　　試試看，主動去尋找你的團隊中的那些夥伴，積極地與他們交流資訊，尋找共事的方法，這樣，自己和整個團隊都會受益。要想成為一名能夠相互協作的團隊隊員，應在以下 4 個方面不斷地改進自己。

1. 將隊友視為協作者，而不是競爭者。

對協同作戰的隊員來說，與隊友配合比與隊友競爭更為重要，每個人應將自己視為整體的一部分，而不能讓隊友間的競爭超過一定限度，否則就會讓競爭損害整個團隊。

2. 隊友之間要相互支持，而不能相互猜忌。

一些人只專注於自己的利益，自然而然地就不信任他人，甚至猜疑自己的隊友。然而，如果你能拋棄疑慮，採取相互支持的積極態度，你就可以成為一名對團隊有貢獻的隊員。

這是一個態度問題。只要沒有真憑實據就不要猜疑別人動機不良。如果你能善待他人，相互間就可以建立起良好的協作關係。

3. 關注整體。

作為團隊的一員，遇到一些事情時，你是問「這樣做對我有什麼好處？」還是問「這對團隊有什麼好處？」這不同的關注點說明你想的是與他人競爭，還是與他人積極配合。

4. 通過增加團隊整體的價值來取得勝利。

只要與隊友相互配合，你就能取得驚人的成績。但如果是單打獨鬥，就會喪失很多成功的機會。無論做什麼事情，只要能相互協作，就會增加所做事情的價值和效果。因為，在相互協作的過程中，不僅能充分發揮你自己的技能，而且還會激發出隊友的潛能。

第一節 培育團隊精神

一、團隊精神的內涵

　　螞蟻駐地遭到了蟒蛇的攻擊。蟻王在衛士的保護下來到宮殿外，只見一條巨蟒盤在峭壁上，正用尾巴有力地拍打峭壁上的螞蟻，躲閃不及的螞蟻無一例外地丟掉了性命。

　　正當蟻王無計可施時，軍師把在外勞作的數億隻螞蟻召集起來，指揮他們爬上週圍的大樹。成團成團的螞蟻從樹上傾瀉下來，砸在巨蟒身上。轉眼之間，巨蟒已經被螞蟻裹住，變成了一條「黑蟒」。他不停地擺動身子，試圖逃跑，但很快，動作就緩慢下來了，因為數億隻螞蟻在不停地撕咬他，使他渾身鮮血淋漓，最終因失血過多而死亡。

　　這場戰爭雖然犧牲了兩三千隻螞蟻，但收穫也不小，這條巨蟒足夠他們一年的口糧了。蟻王命令把巨蟒搬回宮殿，在軍師的指揮下，近億隻螞蟻一齊來扛巨蟒。他們毫不費力地把巨蟒扛起來了。然而，扛是扛起來了，並且每一隻螞蟻都很賣力，巨蟒卻並沒有前移。因為雖然有近億隻螞蟻在用力，但行動並不協調，他們並沒有站在一條直線上，有的螞蟻向左走，有的螞蟻向右走，有的則向後走，結果雖然表面上看到巨蟒的身體在移動，實際上卻只是在原地「擺動」。

於是軍師爬上大樹，告訴扛巨蟒的螞蟻：「大家記住，你們的目標是一致的，那就是把巨蟒扛回家。」統一了大家的目標後，軍師又找來了嗓門最大的100多隻螞蟻，讓他們站成一排，揮動小旗，統一指揮前進的方向。這一招立即見效，螞蟻們很快將巨蟒拖成一條直線，螞蟻們也站在了一條直線上。然後指揮者們讓前面的螞蟻起步，後面的依次跟上，螞蟻們邁著整齊的步伐前進，很快將巨蟒扛回了家。

團隊精神是指，團隊的成員為了實現團隊的利益和目標而相互協作、盡心盡力的意願和作風。

團隊精神是高績效團隊中的靈魂，是成功團隊的特質。很少有人能清楚地描述團隊的精神，但每一個團隊成員都能感受到團隊精神的存在和好壞。

你有這樣的感覺嗎？在有些團隊中工作，人們會覺得心情比較舒暢，幹勁也很足，團隊成員間的協作性很強，能夠創造出一些驕人的業績；在另外一些團隊中人們感覺到處處勾心鬥角，心情壓抑，團隊在內憂外患中生產力直線下降，業績慘澹。在一個有協作精神的團隊環境中，團隊成員的個人智商可能是100，但加在一起的團隊智商可能會達到150，甚至更高；而反之，一個缺乏協作精神的團隊，即使個人智商達到 120，但團隊組合在一起的智商可能只有 60 到 70，導致這種情況的根本因素就是團隊中的文化成分，即團隊精神。

二、團隊士氣

團隊精神的第三個方面是團隊的士氣。拿破崙曾說過：「一支軍隊的實力四分之三靠的是士氣。」這句話的含義也可以延伸到現代企業管理，爲團隊目標而奮鬥的精神狀態對團隊的業績非常重要。

1.影響士氣的原因

對團隊目標認同與否。 如果團隊成員贊同、擁護團隊目標，並認爲自己的要求和願望在目標中有所體現，士氣就會高漲。

利益分配是否合理。 每個人進行工作都與利益有關係——無論是物質的還是精神的利益，只有在公平、合理、同工同酬和論功行賞的情形下，人們的積極性才會提高，士氣才會高昂。

團隊成員對於工作所產生的滿足感。 個人對工作非常熱愛、充滿興趣，而且工作也適合他的能力與特長，士氣就高。因此團隊領導者應該根據員工的智力、才能、興趣以及技術特長來安排工作，把適當的人員在適當的時間安排在適當的位置上。

如果個人的能力超出了工作的要求，他就會認爲自己的能力沒有被受到重視，反之如果個人的能力不及工作要求，也會對他產生壓力。

優秀的領導者。 優秀的人成爲領導者是團隊士氣高昂的重要原因之一。領導者作風民主、廣開言路、樂於接納意見、辦

事公道、遇事能與大家商量、善於體諒和關懷下屬，這時士氣
會非常高昂；而獨斷專行、壓抑成員想法和意見的領導就會降
低團隊成員的士氣。

團隊內部的和諧程度。團隊內人際關係和諧、互相贊許、
認同、信任、體諒和通力合作，這時凝聚力就會很強，很少出
現衝突。

良好的資訊溝通。領導和下屬之間、下屬之間、同事之間
的溝通如果受阻，就會使職工或團隊成員出現不滿的情緒。

2.士氣與生產效率

士氣與生產效率的關係並不是成正比的，而會出現以下幾
種情況：

如果管理者只關心員工的需要、團隊成員間的關係，而不
注意生產，不注意目標的實現，此時員工的心理滿意度可能會
提升，但組織目標的實現就不一定理想，因此以人為導向的領
導者可能會導致士氣高漲而效率低下的情況。

士氣高，生產效率也高。組織的生產目標和員工的需要都
得到重視，這是一種比較理想的狀況。

士氣低、生產效率高。如泰勒所採取的科學管理方式，團
隊成員基本上沒有參與決策的機會，這時生產效率比較高，但
人們的士氣較低，但這種情況不會太長久，士氣很低的隊伍很
難有持續的高績效的表現。

一般來說，管理分為對人的管理和對工作的管理。如果偏
重工作和目標的管理而忽視人的心理因素，就會出現片面追求
高效率的做法，這種高效率是很難長久維持的；但一味地關注

人，雖然士氣高漲，生產效率卻很低，久而久之也會影響員工積極性的發揮。

第二節　互信合作氣氛

　　毫無疑問，狼是一種和人類一樣有著深厚情感的動物，甚至有時候狼與狼之間所表現出的情意和忠誠是現代的人類所不能及的，尤其是在生死攸關的時刻。

　　在北美的原始森林裏生活著一群狼。一天，有兩匹狼結伴外出狩獵。大雪過後的森林裏幾乎沒有任何動物出來覓食，它們就無目的的四處尋找著。突然，其中一匹狼發現有一溜兔子留下的腳印，於是它開始順著這些痕跡追蹤至一棵大樹下。

　　就在它仔細分辨腳印的去向時，一不小心觸到了獵人專門為捕捉野獸而設下的捕獸鋼夾，夾子上面粗大的鋼針一下子刺穿了它的肌肉。聽到了一聲淒厲的嚎叫，在附近狩獵的另一匹狼迅速跑了過來。見此情景，它圍著受傷的狼焦躁地轉了一圈又一圈，不停地用前爪試探著鋼夾，試圖打開它，救出同伴。

　　在這個過程中，施救的狼不斷地警惕著四週，以防獵人在此刻巡查。在一次次的努力都宣告失敗後，施救的狼絕望而又痛苦地望著同伴。隨著時間的流逝，危險也在一步步逼近。當施救的狼再次試圖營救時，受傷的狼向它發出了憤怒的吼叫，施救的狼明白，這是同伴讓它遠離危險的信號。

此時，它們都很清楚，在這裏多待一分鐘都會有生命危
險，因為獵人隨時可能發現它們。就這樣，它們彼此默默守望
著對方，受傷的狼越發不安起來，它的眼睛裏面充滿了憂傷和
憤怒，喉嚨裏也不時地發出沉悶的低嘯，希望同伴趕快離開，
但施救的狼始終不肯離去。

這時，令人震撼的一幕發生了。只見受傷的狼張開大口，
用自己鋒利的牙齒狠狠地咬向被鋼夾夾住的前腿，希望捨棄自
己的一條腿來換取自己和同伴的生命。由於失血過多，這些舉
動顯得有些無力，它把目光投向了同伴。顯然，施救的狼被這
一幕驚呆了，少頃，它明白了同伴的意思。

為了能夠活命，它在受傷同伴的鼓勵下，一口咬斷了同伴
被夾住的前腿。隨後，毫不猶豫地背起同伴離開了危險的境地。

培養團隊成員之間高度的相互信任的精神的目的，是為了
加強團隊成員的合作意識，以便更快更好地達成團隊目標。

1.上級領導應鼓勵合作

美國前總統甘迺迪曾經說過：「前進的最佳方式是與別人
一道前進！」資源是有限的，在現實生活中，有的領導者有嫉
賢妒能的癖好，惟恐下屬有成就，會超過自己，侵奪下屬應有
的資源，進而給下屬設置發展的障礙。其實，優秀的領導，必
然會力求幫助他人，扶植下級，協助團隊，真正授權，善於與
團隊合作，與團隊達成共識，幫助團隊建立一種互信合作的氣
氛，因為只有幫助下級才能使領導者得到下級的支持和擁護，
才能獲得事業上的成功。

2.要制定團隊合作的規則

要培養團隊成員的合作意識，就需要制定團隊合作的規則。

(1)團隊規則的含義。團隊規則是團隊成員在工作中與他人相處時必須遵守的標準。每個團隊都應該定出自己的規章，最好是同時制定出書面的、有益的團隊行爲和有害的團隊行爲表格，並向全體成員公佈，以此來規範團隊成員的行爲。書面的團隊行爲指南，有利於鼓勵有益的行爲，糾正不良的行爲，幫助成員瞭解什麼是團隊所期望的行爲，從而提高團隊成員的自我管理能力和自我控制能力，促進團隊的成長，使之早日步入規範期。

管理專家們指出，最有價值的團隊規則可分爲以下七種。

- 支援(Backup)規則。團隊成員之間尋求和提供協助與支援。
- 溝通(Communication)規則。團隊成員準確、及時的資訊交換。
- 協調(Coordination)規則。團隊成員根據團隊績效要求的個人行動的整合。
- 反饋(Feedback)規則。團隊成員之間對他人的績效提供、尋求並接受建議和資訊。
- 監控(Monitoring)規則。團隊成員觀察他人的規則，在必要時提供反饋和支援。
- 團隊領導(Team Leadership)規則。對團隊成員的組織、指導和支援。

團隊導向(Team Orientation)規則。團隊成員對團隊規則、默契、凝聚力、文化等的認同和支持。

(2)團隊規則的內容。團隊規則通常只有一兩頁,其內容主要包括:①團隊任務的戰略或業務內容;②團隊的具體目標、預期的結果及期限;③團隊必須考慮的基礎規則或約束;④團隊成員的資格及角色。

(3)制定團隊規則的步驟。這主要分為以下三個步驟:

第一步,起草團隊規則。由於團隊章程把企業的戰略意圖轉換成團隊的工作內容,因此高層經理最適合起草這份規則。

第二步,高層經理與團隊領導人及其他與團隊關係密切的人一起審議草擬出來的規則。

第三步,團隊領導人在團隊成員首次碰頭時把規則草稿發給團隊成員,由大家一起商討、辯論和修改。

(4)對團隊規則的共識。在建立團隊規則時,關鍵在於使團隊成員就規則達成共識。魏斯特在研究了許多團隊經驗的基礎上,找出了團隊共識的五個方面的特徵,具體見表 3-1。

3.建立長久的互動關係

人們常說:「理解萬歲。」要打造一支有戰鬥力的團隊,成員之間的換位思考是不可或缺的。無論是發佈資訊的人還是接受資訊的人,都應當理解這些資訊的內涵。

對於團隊的上級領導者來說,與團隊成員之間的溝通、理解尤為重要。要創造頻繁且持續的機會,讓團隊成員們融為一體,如一起培訓,一起參加競賽,一起參加會議和活動等。

表 3-1　團隊共識的五個特徵

明確的內容	必須有明確的團隊目標、價值及指導方針，這種「明確」的過程有時要經過許多次討論
鼓動性價值觀	共識必須是團隊成員相信並且願意努力工作去實現的
力所能及的	團隊共識必須是團隊確實能夠實現的──不現實或無法達到的目標是沒有用的，因爲這只會使人們更想放棄
共同支持	得到所有團隊成員的支持是至關重要的，否則，他們很可能發現各自的工作目標彼此相反或無法協調甚至衝突
未來潛力	團隊共識必須具有進一步發展的能力。擁有固定的、無法改變的團隊共識是沒有意義的，因爲人員在變，組織在變，工作的性質也在變。因此，需要經常重新審視團隊共識，以確保它能夠適應新的情況和新的環境

4.強調長遠的利益

　　團隊領導者給成員描繪未來的願景，並讓成員相信「這個藍圖我們一定會實現」。這時，合作才會成爲可能，成員將不再計較眼前的得失而主動合作達成願景。要習慣於說「我們！」和「我們一起討論一下問題出在那裏。我們應該怎樣做？」而不是「你們爲什麼會犯這樣的錯誤？」

第三節　贏在團隊精神

一、大雁是團隊精神的象徵

人們常常讚歎大雁的智慧和團結精神。人們對大雁有一份特殊的感情，認爲雁是團隊精神的象徵。

我們知道，每年的 9 月至 11 月，加拿大境內的大雁都要成群結隊的往南飛行，到美國東海岸過冬。第二年的春天再飛回原地繁殖。在長達萬里的航程中，他們要遭遇獵人的槍擊威脅，要遭遇狂風暴雨、電閃雷鳴及寒流與缺水的威脅，但每一年他們都能成功往返。在南飛北返的過程中，雁群非常懂得物理力學。大雁飛行時總是結隊爲伴，隊形一會兒呈「一」字形，一會兒呈「人」形。爲什麼會這樣編隊飛行呢？

原來，大雁編隊飛行能產生一種空氣動力學效應，一群編成「人」字隊形飛行的大雁，要比具有同樣能量而單獨飛行的大雁多飛 70%的路程，也就是說，編隊飛行的大雁能夠借助團隊的力量飛得更遠。

大雁的叫聲熱情十足，能給同伴鼓舞，大雁用叫聲鼓舞飛在前面的同伴，意思是：兄弟，堅持、堅持，你是最棒的，我們在後面永遠支持你。它們要使團隊永遠保持前進的信心。

當一隻大雁掉隊時，會立刻感到獨自飛行的艱難遲緩，所

以它會很快回到隊伍中，繼續利用前一隻大雁造成的浮力飛行。如果某只大雁不小心落後，又無力趕上前面的隊伍，那麼等待它的可能將是不幸。因爲它最終會因爲體力不支而從空中掉落。

一個隊伍中最辛苦的是領頭雁。當領頭的大雁累了，會退到隊伍的側翼，另一隻大雁會取代它的位置，繼續領飛。當有的大雁生病或受傷時，就會有兩隻大雁來協助和照料它飛行，日夜不分地伴隨它的左右，直到它康復或者死亡，然後它們再繼續去追趕前面的隊伍。

如果我們如雁一般無論在困境或順境時都能彼此維護，互相依賴，再艱辛的路程也不會懼怕，也不會擔心路途的遙遠。

生命的獎賞是在終點而非起點，在旅程中歷盡坎坷，你可能還會失敗，但只要團隊相互鼓勵，堅定信念，終究一定能夠成功。

二、如何增加企業團隊的凝聚力

凝聚力是一種看不見、摸不著的東西，但是你一走到它身邊，你就會不由自主地被它吸引過去。好的凝聚力像一塊磁鐵一樣，吸住所有它想吸取的東西。

假如一個團隊有一個像磁鐵一樣的吸引力，企業的凝聚力一定會很好。那麼如何建設凝聚力呢？

1.營造好的氣氛
氣氛這東西跟凝聚力一樣，看不見，摸不著，但他就是有

力量。那麼什麼才是好的氣氛呢？比如輕鬆、和諧、激情、友愛、團結、協助、積極等。好的氣氛不是一天兩天建立起來的，需要一個時間，但持續累積就會有效果。

2.強化目標

目標也是一塊磁鐵，目標會吸引到很多力量來協助達成目標，除此之外，目標對每個員工有吸引力。當年著名搜索引擎公司百度公司的目標是 2004 年在美國納斯達克上市，這樣一個目標有足夠大的吸引力。

3.及時溝通

一間屋子，如果總是關門閉戶，不開門，不開窗，時間久了，裏面的空氣就很難聞了，就沒有人待在裏面了。要讓人進去，首先要開門開窗，換空氣。溝通就是一個換空氣的過程。

三、團隊精神

沒有人能成為一條鏈子，每個人只是一個環扣，但是拿走一個環扣鏈子就斷了。沒有人能成為一支隊伍，每個人是一個隊員，試想走一個隊員，一場比賽就夭折了。沒有人能成為一個樂隊，每個人都是一個演奏者，但是一個演奏者走了，這個交響樂團就不完整了。我們需要彼此，你需要某人，某人也需要你。為了將某件事情做好，我們要接觸和支持，聯繫和回應，給予和接受，坦白和寬恕，伸手和擁抱，釋放和依賴。

既然沒有人是完全獨立的，自給自足、超級能幹、力大無窮的超人不存在，那就讓我們不要相互之間產生隔閡，要考慮

一種互相幫助的團隊精神。

　　大家知道，在 F1 賽車比賽中，賽車在比賽過程中需要有幾次交替加油和換輪胎的過程。在緊張刺激的賽車比賽中，每部車都要分秒必爭，因此，賽車每次加油和換胎都需要勤務人員團結協作。一個環節出了問題，整個賽車組就前功盡棄。

　　一般而言，賽車的勤務人員是 22 個人，在這其中，有 3 個是負責加油的，其餘的都是負責換輪胎的，有的擰螺母，有的壓千斤頂，有的抬輪胎……這是一個最體現協作精神的工作之一，加油和換輪胎的總過程通常都在 6 秒~12 秒之間，這個速度在日常情況下，再熟練的維修工人也是無法達到的。

　　在這個過程中，團隊成員不可開小差，更不可有情緒，需要的是全力以赴配合，配合，再配合。可以說，這樣的比賽，其勝利是通過團隊成員充分協作來實現的，而不是在乎個人的勝利。

打造你的成功團隊 培訓遊戲

遊戲名稱：判斷電燈開關

主旨：

這是一道微軟用來測試應聘者的試題。它主要考察受訓者的邏輯思維和判斷能力，有助於培訓學員打破傳統思維的局限，培養人的創造性思維。

◎遊戲開始

時間：6分鐘

人數(形式)：個人完成

◎遊戲步驟：

1.有兩個房間，一間房裏有三盞燈，另一間房有控制著這三盞燈的三個開關，這兩個房間是分隔開的，從一間房裏不能看到另一間的情況。

2.現在要求受訓者分別進這兩個房間一次。

3.要求受訓者判斷出這三盞燈分別是由那個開關控制的。

4.學員用什麼辦法得到答案呢？

◎績效評估與討論：

1.請受訓者說出解決這個問題的關鍵在那裏？

2.在工作中經常會有一些難題，需要用知識來解決，這個遊戲就是很好的提示。

3.有否想過電能夠發熱的特性？

◎參考答案

1.先走進有開關的房間，將三個開關編號爲 A、B、C。

2.將開關 A 打開 5 分鐘，然後關閉，然後打開 B。

3.走到另一個房間，正亮著的燈即可辨別出是由 B 開關控制的。再用手摸另兩個燈泡，發熱的是由開關 A 所控制的，另一個就一定是開關 C 了。

打造你的成功團隊 培訓遊戲

遊戲名稱：雙人足球賽

主旨：

本項目使搭檔之間以及團隊各個成員之間協同工作，活躍團隊氣氛，讓學員們在有限的資源下展開競爭。

◎遊戲開始：

人數：20人

時間：45分鐘

場地：空地或操場

材料準備：

 1.繩子若干條

 2.一個足球

 3.一個口哨

◎遊戲步驟：

 1.把整個團隊分爲人數相等的兩組。

 2.讓隊員們選擇和自己身材相當的人，組內結對。

 3.讓搭檔們把各自的腳踝綁在一起。

 4.每組選一對搭檔，背靠背站立，並把他倆的腰捆在一起，作爲各隊的守門員。

 5.兩隊開展足球比賽，分上下半場，每個半場15分鐘，半場結束時兩隊交換場地。比賽中隊員們必須一直綁著腳踝，用三條腿踢球，按足球規則進行比賽(如果你不清楚，可以問隊友或自己制定規則)。

6.對隊員的疑問給以充分地解答，然後吹口哨，比賽開始。

7.比賽結束後，由培訓師帶領學員討論下列問題：

(1)那個隊贏得了比賽？

(2)比賽過程中你們遇到了什麼問題？

(3)搭檔們是如何協調工作的？

(4)什麼因素有助於團隊更加有效地運作？

◎遊戲要點：

1.遊戲開始之前，鼓勵隊員們捆綁腳踝後，練習跑動。

2.下半場比賽時，可以把三個隊員的腿踝捆綁在一起，或者讓搭檔中的一人矇上眼罩，增加活動的難度。

心得欄

第 4 章

成功團隊的溝通

　　開會、談話、對下屬進行考核、談判，甚至指導
工作等都需要進行溝通。缺乏溝通，團隊的任何建設、
團隊合作、凝聚力、培訓、開會、制定目標都將毫無
意義。成功團隊懂得溝通既要有效聆聽，也要有效表
達，有效反饋，從而提升團隊成員的工作效率和工作
業績。

案例研究

　　小剛明天就要參加小學畢業典禮了，他想怎麼也得精神點兒，把這一美好時光留在記憶之中，於是他高高興興上街買了條褲子，可惜褲子長了 2 寸。

　　吃晚飯的時候，趁奶奶、媽媽和嫂子都在場，小剛把褲子長 2 寸的問題說了一下，飯桌上大家都沒有反應。飯後大家都去忙自己的事情，這件事情就沒有再被提起。

　　媽媽睡得比較晚，臨睡前想起兒子明天要穿的褲子還長 2 寸，於是就悄悄地一個人把褲子剪好疊好放回原處。

　　半夜裏，狂風大作，窗戶「哐」的一聲關上，把嫂子驚醒，猛然醒悟到小叔子褲子長 2 寸，自己輩分最小，怎麼也得自己去做了，於是披衣起床，將褲子處理好才又安然入睡。

　　奶奶年紀大了，每天都起得很早，給小孫子上學做早飯，趁水未開的時候她突然想起孫子的褲子長 2 寸，馬上快刀斬亂麻，又剪了 2 寸。最後小剛只好穿著短了 4 寸的褲子去參加畢業典禮了。

　　表面上看來，故事中小剛的媽媽、嫂子和奶奶似乎都沒有錯，都出於自身的「職責」考慮而做了自己應該做的工作，但事實上到最後的結果竟是小剛穿著短了 4 寸的褲子去參加畢業典禮了。這看似可笑，事實上卻又是多麼不應該發生的事情啊。

　　影響管理效率的原因往往是崗位職責不明確，資訊溝通不

順暢。職責不明確必然會帶來人浮於事，相互扯皮的弊端。有利益有好處的事情大家搶著做，而一些服務性的工作、煩瑣的工作無人問津，一旦出了問題誰都不願承擔責任，同時績效考核也因此缺乏依據。

團隊成員之間保持一種良性的感情溝通同樣十分重要。如果一個企業的員工從來沒有感情的交流，長期緊張的工作和缺乏人性化的工作氣氛是對員工身心最大的摧殘，並且導致企業喪失活力和創新精神。因此，作為一個管理者你有權利也有義務關注員工的心理狀況和感情需求，要為這種感情交流創造機會。除了面對面的感情交流之外，你可以定期組織一些文娛或體育活動，讓員工在參與活動的過程當中放鬆精神，加強友誼。

如果一個公司的員工在生活和思想上有困難，他們從來不會找自己的上司和同事商量尋求得到幫助，甚至不知道自己可以通過什麼渠道來傳遞這些資訊，這樣的團隊(企業)便喪失了「靈魂」。

心得欄

第一節　團隊溝通：傾聽技巧

　　一位副總裁與其同事以及同事的家人一起吃飯，一個同事的孩子問這位副總裁：「叔叔，你是幹什麼的？」這位副總裁告訴他：「叔叔的工作就像是一條大船上的船長，你明白嗎？」小孩搖搖頭，不明白船長是做什麼的。副總裁於是乾脆說：「叔叔每天的工作就是開會，在過道裏見到同事要打招呼，要問一問他們工作進展的情況，有時候要與客戶談判，還有的時候要去做一些考核評定等等。」小孩這個時候點點頭算是明白了：「呵，你的主要工作就是談話呀！」

　　有人認為阻礙團隊工作順利開展的最大障礙就是缺乏有效的溝通。為什麼有如此驚人的結論？一份調查結果顯示：團隊管理者工作時間的 20%~50%是在進行各種語言溝通，如果把文字溝通，包括各種報告和 E-mail 加進去，會高達 64%；團隊普通成員每小時有 16 分鐘到 46 分鐘是在進行溝通。

　　溝通之所以重要，是因為溝通無所不在，溝通的內容包羅萬象，如開會、談話、對下屬進行考核、談判，甚至指導工作等都是在進行溝通。

　　從上面的故事中我們可以體會到一點，管理者相當多的時間都是用在溝通。對於各種事務都需要通過溝通，才能最終制

定解決的方案。缺乏溝通這個橋樑，團隊的任何建設，包括團隊合作、凝聚力、培訓、開會、制定目標都將毫無意義。

對於團隊和組織來說，溝通是一個永遠的工作，但遺憾的是，相當多的團隊最大的隱患還是溝通。很多企業曾經做過調查，結果發現：員工離職很重要的兩個原因就是受到不公正的對待和溝通不良。其實無論大型的跨國企業，還是中型企業、新興企業，儘管花費了大量的人力、物力和時間進行溝通訓練，並不斷強調溝通的重要性，甚至將溝通列為重要的企業文化主題，但永遠沒有辦法將溝通提高到完美的境界，尤其是跨部門的溝通存在的問題更多。從這個意義上來說，人們對於溝通技能的學習永遠止境。

不良的溝通會給組織帶來很多危害，包括人際關係、團隊的士氣、團隊業績都會受到影響。良好的溝通有助於團隊的文化建設以及團隊成員士氣的提高。

阿維安卡航班的空難——溝通不良所致的人為事故

幾句話就能決定生與死的命運嗎？是的，1990 年 1 月 25 日就發生了這樣的不幸事件。那一天，由於阿維安卡 52 航班 (Avianca Flight)飛行員與紐約甘迺迪機場交通管理員之間的溝通障礙，導致了一場空難，機上 73 名人員無一生還。

當日晚 7：40，阿維安卡 52 航班飛行在南新澤西海岸上空 11277.7 米的高空。飛機上的油量可維持近兩個小時的航程，在正常情況下飛機降落至紐約甘迺迪機場僅需不到半小時的時間，飛機的緩衝保護措施可以說十分安全。然而此後卻發生了

一系列的耽擱。首先，晚 8 點整，甘迺迪機場管理人員通知 52
航班，由於嚴重的交通問題，他們必須在機場上空盤旋待命。
晚 8：45，52 航班的副駕駛員向甘迺迪機場報告他們的「燃料
快用完了」。管理員收到了這一資訊，但在晚 9：24 之前，沒有
批准飛機降落。在此之間，阿維安卡機組成員再沒有向甘迺迪
機場傳遞任何情況十分緊急的資訊，但飛機座艙中的機組成員
卻在自己的成員之間相互緊張地通知他們的燃料供給出現了危
機。

　　由於飛行高度太低，能見度太差，因而無法保證安全著
陸。晚 9：24，52 航班第一次試降失敗。當甘迺迪機場 52 航班
進行第二次試降時，有的機組成員提到他們的燃料將要用盡，
但飛行員卻報告給機場管理員說新分配的飛行跑道「可行」。晚
9：32，飛機的兩個引擎失靈，1 分鐘後另外兩個也停止了工作，
耗盡燃料的飛機於晚 9：34 墜毀。

　　在調查人員仔細分析了黑匣子中的錄音，並與當事的管理
員交談之後，發現導致這場事故的原因是溝通的障礙。

　　首先，飛行員一直說他們「燃料不足」，而交通管理員卻
告訴調查者這是飛行員們經常使用的一句話。當被耽擱時，管
理員認為每架飛機都存在燃料問題。但是如果飛行員發出「燃
料危急」的呼聲，管理員則有義務為該飛機優先導航，並盡可
能迅速地允許其著陸。但是，52 航班的飛行員從未說過「情況
緊急」，所以甘迺迪機場的管理員一直未能理解到飛行員所面臨
的真正困境。

　　其次，52 航班飛行員的語調也未能向管理員傳遞「燃料緊

急」的資訊。許多管理員接受過專門訓練，可以在這種情境下捕捉到飛行員聲音中極細微的語調變化。儘管 52 航班機組成員相互之間表現出對燃料問題的極大憂慮，但他們向甘迺迪機場傳達緊急訊息的語調卻聽起來是冷靜的，也就使人認為是正常的。

最後，飛行員的習慣做法以及機場的職權也使 52 航班的飛行員不願意報告自己所處的情況緊急。因為正式報告緊急情況之後，飛行員需要寫出大量的書面彙報。如果發現飛行員在計算飛行過程需要多少油量方面疏忽大意，聯邦飛行管理局就會吊銷其駕駛執照。這些消極因素極大阻礙了飛行員發出緊急呼救。在這種情況下，飛行員的專業技能和榮譽感可以變成賭注。

阿維安卡 52 航班的悲劇表明，良好的溝通對於任何團隊或組織的工作都十分重要，甚至生死攸關。

造成溝通障礙的原因如下：

外因：包括外界環境的干擾、制度的不合理、缺乏溝通的渠道以及時間緊張等。

內因：彼此不瞭解，不理解對方的想法，缺乏準確的資訊，過於自信，個人表達方式存在問題，性格因素和情緒因素等。

第二節　團隊溝通：表達與反饋技巧

一、有效表達的原則

　　良好的溝通者既是一個有效的聆聽者，同時也是一個有效的表達者，說和聽同樣重要。

1.對事不對人

　　對事不對人也可以用另外一句話來代替，「談行為而不談個性」。「事」指的是一種行為，即說過什麼，做過什麼；「個性」指你對一個人的特點和品質的感受。

　　談論個性很容易引起對方的誤解，使其產生逆反心理，從一開始就會建立一個比較負面的基礎。例如，小李上班遲到了幾次，於是領導便責備小李很懶，這就是對小李個性的評述。此時小李可能就會產生抵觸情緒:「遲到就是懶嗎？我加班的時候你也沒有表揚我勤快啊。」如果換一種方式與小李談遲到的問題，可能就不會出現這樣的現象，比如說:「小李，這是你第二次遲到，上一次遲到是在上星期三，能不能告訴我出了什麼問題？」這就是對事不對人的表達方式，或者叫談行為不談個性。因為行為說明的是事實，人們更容易接受事實。

2.坦白表達自己的真實感受

　　很多領導者認為應將自己的感受有所保留，而實際上，在

與他人溝通時，只有坦白表達自己的真實感受，才能打破堅冰，建立雙向溝通的基礎，才能使對方知道你對於他的觀點是承認還是否定，對於他的工作是肯定還是不滿，從而使下屬受到激勵和鼓舞，同時能夠針對自己不滿意的地方對下屬進行指導。

3.多提建議少提主張

建議指的是只提出自己的觀點和方法，由對方去做決定；主張是使對方接受自己的觀點和想法，因此有一點強迫對方接受的意味。

調查表明：提出建議的時候，對方認可的可能性有 42%，但提出一個主張的時候，對方認可的可能性可能只有 25%，而不管你的態度有多強硬，施加的壓力有多大，接受的可能性都在降低。提出建議的時候，反對的可能性佔 189%，但提出一個主張，反對的可能性則是 39%。從這些調查數字中可以看出，多提一些建設性的意見比主張更有效。

當對方在某方面完全沒有經驗，不可能有自己的判斷和建設性意見的時候，或情況非常危急、必須馬上做決斷，或對方要求你給他提供一些建議和主張的時候，可以給他提供一些主張，但同時要提供理由和原因，闡明這樣做的優點和缺點，讓對方去做決定。

4.充分發揮語言的魅力

在溝通的過程中，還需要充分發揮語言的魅力。例如，要把「你」和「你們」，變成「我」和「我們」，這樣可以使溝通的雙方變得更貼近；要把「應該」變成「可能」；把「但是」變成「是」「同時」「如果」；把「試著」變成「將會」；把「爲什

麼」變成「是什麼」等。

有時候，要發揮自己的幽默感，會讓對方感受到你的親和力。

5.讓對方理解自己所表達的含義

讓對方理解自己所表達的含義有以下幾種做法：

表 4-1　BRA-A 表達法

・利益(Benefit)
・理由(Reason)
・行動(Action)
・詢問(Ask)
舉例：
・B：定期與員工談話可以提升員工對你的信任度。
・R：因爲員工非常需要領導關注和關心自己，也希望把自己的想法及時告訴自己的領導。
・A：具體做法是可以每個月安排一天的溝通日，採取開放政策，讓每個下屬都有機會與你進行面對面的談話，總結一下上個月的工作並計劃下個月的工作，同時也可以徵詢員工的建議和意見等。
・A：你覺得這樣的做法如何？

使用對方能夠理解的語言。很多時候談話的雙方可能來自不同的背景，具有不同的知識層次、經驗和專業背景，所以不要說一些對方聽不懂的語言，而要用簡單易懂的語言清楚地表達，對於對方不熟悉的專業術語，要進行清晰的解釋。

簡潔原則。與對方談話時要言簡意賅，而不要過於囉嗦，否則會使對方厭倦或反感，或者理解起來很費力。

及時瞭解對方的理解程度。在發表自己的觀點時要給聽者提問的機會，並及時詢問對方有那些不理解，對重點或難懂的內容應反覆重覆、詳細講解。

二、有效的反饋

除了有效的表達之外，溝通還有一個技巧，就是進行有效的反饋，反饋一般有以下幾種形式：

1.正面認知

正面認知就是表揚對方，當發現對方有良好表現的時候應及時認可。在團隊運作過程中，經常需要進行正面反饋。例如，團隊成員的工作超進度、超標準地完成，此時就要給予團隊成員適時的表揚。正面的認知可以鼓勵出色的行為再次出現，如果一個團隊成員工作完成得好或不好，領導者都同樣沒有表示，那麼下一次團隊成員就會降低他的標準。

一次部門經理例會上，總裁在開始語中提及大家的工作標準時，突然聯想到一個問題，說到：「在座的各位當中，有一位夥伴的工作報告特別令我欣賞。」這時候所有參會者的眼神都望著總裁，希望總裁的視線能停留在自己的身上。

接下來，總裁揭開謎底：「她就是公共關係部門的小劉！她的報告既言簡意賅，而且從來不會將問題和矛盾上繳。遇到

不確定的問題時，她的報告總是能提供多種不同的解決方案，這讓我感覺到遇到問題時，小劉始終沒有逃避，而是在積極地尋求解決辦法。」

可以想像在總裁的正面認知後，小劉的報告會越來越好。僅僅一個月以後，她開始為所有部門經理傳經論道，講授如何製作一份成功的工作報告。這就是正面認知可以鼓勵好的行為再出現。

2.修正性反饋

修正性的反饋並不等同於批評。通常當工作沒有完全達到標準的時候，可以採取修正性反饋的方式。

例如，領導認為財務經理這個月的報表準確性很好，但沒有提供一些關於經營的建設性意見。有些領導可能就以批評的方式表達出來：「小劉，這個財務報告怎麼沒有關於經營的建設性意見呢？下個月要趕緊加上！」採用另外一種表達方法如：「小劉，你的報告很準確而且一直很準時，如果在報表後面加一些關於改善經營的建設性意見，這份報表會更完整，更好！」

第一種表達方法完全是一種負面的評價，會讓小劉感覺到辛辛苦苦的努力卻換來上司這樣的評價，從而降低了工作意願；而第二種表達方式既認可財務報告好的一面，同時又指出需要改進的地方。

修正性反饋其實就是一個「三明治策略」，也稱「漢堡包原則」，具體含義如下：

第一塊麵包就是指出某人的優點。比如說：「一直以來，你的考勤都很好！」

中間的牛肉指的是還存在那些需要改進的項目。比如說：「最近半個月，我注意到你有三次遲到的記錄，上星期遲到兩次，今天是第三次，能不能告訴我，出了什麼問題？」表示關心，提出問題，讓人很容易接受。

最下面的一塊麵包是一種鼓勵和期望。比如說：「今天的談話非常成功，根據你以往的表現，我希望你能夠在日後有更佳的表現。」

3.負面的反饋

負面的反饋就是一味的批評，團隊領導對團隊成員儘量不要進行負面反饋，除非對方的錯誤很嚴重、不可原諒，否則經常進行負面的反饋會使對方意識到領導對他的不滿，因此要努力改變習慣，把負面的反饋變成一種修正性的反饋。

4.沒有反饋

沒有反饋也是絕對不該提倡的。

如果員工無論做得好還是不好，都得不到任何反饋，將會帶來災難性的後果。一方面使工作表現出色的成員有可能因為得不到反饋而放棄後來的努力。「反正我做得好你也不表揚我，這與做得不好有什麼兩樣？我為什麼還要這樣努力？」很多成績良好而沒有受到認可的員工會這樣責備上司。另外一方面，工作表現不好的成員卻認為領導對於他目前的表現沒有反對，說明可以繼續。

所以，沒有反饋，對於表現好或糟的員工，都是一種不公平的對待。

心理學家曾經做過一次測試。他們把 60 個兒童隨機分成 3 組，每組 20 個兒童。第一組的兒童，心理學家每看到他們做得好的地方就進行表揚；第二組的兒童，心理學家每看到他們做得差的地方就進行批評；第三組的兒童，心理學家根本不理睬他們，無論他們做得好還是壞，都不進行任何表揚或批評。半年以後，你認為那個小組的表現更好呢？表現最差的是那個組？

也許你猜對了。經常受到表揚的第一組表現最好；最差表現的就是經常被批評的第二組。但是對於成人而言，實踐證明績效最差的卻是沒有得到任何反饋的那一群人！

總之，在反饋技術方面，團隊領導者應該多進行正面認知，不要吝嗇自己的讚揚；一旦下屬出現問題或工作偏差，領導者應及時採取修正性反饋，但要從關心他、支持他、相信他能做到的這個角度出發；盡可能不要使用負面反饋；沒有反饋比負面反饋更糟糕！

三、化解異議

在溝通的環節中，無論採取怎樣的溝通技巧，總會有遇到意見分歧的時候，怎樣對待意見分歧，並最終達成共識呢？

本‧佛蘭克林說：「你與人爭論、辯駁、衝突，有時候會贏，但那是一個空洞的勝利，因為你不可能贏得對方的好感。」

佛蘭克林的這段話給我們帶來一些啓示：與他人的溝通，一遇到意見分歧或衝突，儘管你可能在言語上沒有輸，但實際上你已經失去了別人對你的好感。這就叫「贏了嘴，輸了心」。因此，在意見不同時，最重要的是既要化解異議，又要達到雙贏。

從前有一個脾氣很壞的男孩，他父親給了他一袋釘子。並且告訴他，每當他發脾氣的時候就釘一個釘子在後院的圍欄上。第一天，這個男孩釘下了 37 根釘子。慢慢地，每天釘下的數量減少了，他發現控制自己的脾氣要比釘下那些釘子容易。直到有一天，這個男孩再也不會亂發脾氣。他告訴父親自己的進步。父親又說，從現在開始每當他能控制自己脾氣的時候，就拔出一根釘子。一天天過去了，最後男孩欣喜地告訴他的父親，他終於把所有釘子給拔出來了。父親牽著他的手，來到後院說：「孩子，你做得很好。但是看看那些圍欄上的洞，它將永遠不能回覆到從前的樣子。你生氣的時候所說的那些過激的話，就像這些釘子一樣會留下永久的疤痕，不管你說了多少次對不起，那個傷口將永遠存在。話語的傷痛就像真實的傷痛一樣令人無法承受。」

人與人之間常常因為一些無法釋懷的堅持，而造成永遠的傷害。如果我們都能從自己做起，開始寬容地看待他人，相信

你一定能收到許多意想不到的結果。

要化解異議，達成共識可以從以下幾個方面入手：

·識別和挖掘出異議所在，把它擺到桌面上來；

·找出出現異議的原因以及化解異議共同的出發點；

·提供一些建設性的意見；

·說明我方這樣做的原因，並使對方理解；

·識別並滿足對方的利益，以同理心來達成雙贏或多贏。

如果大家都站在對方的立場爲對方考慮，通過提出積極正面的建設性意見，說明各種原因，互相理解，最終可以達成共識。

表 4-2　溝通能力判斷

在團隊中，每個成員的溝通能力直接影響著團隊的整體溝通能力，進而也影響著團隊的績效。此測試可以判斷你的溝通能力。

測試說明：

1.本測試由一系列陳述語句組成，請根據你的實際情況，選擇最符合自己特徵的描述。

2.在選擇時，請根據自己的第一印象回答，不要作更多的思考。

3.從每道題目中選擇一項符合你情況的選項，在符合的答案前畫「√」。

測試內容：

1.你的上司的上司邀請你共進午餐，回到辦公室，你發現你的上司頗爲好奇，此時你會(　)。

A、告訴他詳細內容

B、不透露任何蛛絲馬跡

C、粗略描述，淡化內容的重要性

2.當你主持會議時，有一位下屬一直以不相干的問題干擾會議，此時你會（　）。

A、要求所有的下屬先別提出問題，直到你把正題講完

B、縱容下去

C、告訴該下屬在預定的議程之前先別提出其他問題

3.當你跟上司正在討論事情時，有人打長途來找你，此時你會（　）。

A、告訴上司的秘書說不在

B、接電話，而且該說多久就說多久

C、告訴對方你在開會，待會兒再回電話

4.有位員工連續四次在週末向你要求他想提早下班，此時你會說（　）。

A、我不能再允許你早退了，你要顧及他人的想法

B、今天不行，下午4點我要開個會

C、你對我們相當重要，我需要你的幫助，特別是在週末

5.你剛好被聘任為某部門主管，你知道還有幾個人關注著這個職位，上班的第一天，你會（　）。

A、找人個別談話以確認那幾個有意競爭此職位

B、忽略這個問題，並認為情緒的波動很快會過去

C、把問題記在心上，但立即投入工作，並開始認識每一個人

6.有位下屬對你說：「有件事我本不該告訴你的，但你有沒有聽到……」你會說（　）。

A、我不想聽辦公室的流言

B、跟公司有關的事我才有興趣聽

C、謝謝你告訴我怎麼回事，讓我知道詳情

打分方法：

1.選擇 A 的得 1 分，選擇 B 的得 0 分，選擇 C 的得 0 分。

2.選擇 A 的得 1 分，選擇 B 的得 0 分，選擇 C 的得 0 分。

3.選擇 A 的得 0 分，選擇 B 的得 0 分，選擇 C 的得 1 分。

4.選擇 A 的得 0 分，選擇 B 的得 0 分，選擇 C 的得 1 分。

5.選擇 A 的得 0 分，選擇 B 的得 0 分，選擇 C 的得 1 分。

6.選擇 A 的得 0 分，選擇 B 的得 1 分，選擇 C 的得 0 分。

把所有的得分加起來，然後對照以下的結果分析。

結果分析：

本測驗選擇了一些在工作中經常會遇到的兩難困境或較難應付的情境，測查你是否能正確地處理這些問題，從而反映你是否瞭解正確的溝通知識、概念和技能。這些工作中的小事和細節往往決定了別人對你的看法和態度。

0~2 分爲較低，3~4 分爲中等，5~6 分爲較高。分數越高，表明你的溝通技能越好。

如果你的分數偏低，應當仔細檢查一下你所選擇的處理方式會給對方帶來什麼樣的感受，或會使自己處於什麼樣的境地。

四、團隊溝通的方法和技巧

建立團隊溝通制度是進行團隊溝通的一種有效方法。除此以外，在進行團隊溝通時掌握一定的技巧也是必不可少的。

(一)建立團隊溝通制度

要將團隊中的溝通當做一項長期性的工作，最好能夠建立一種溝通的制度，以確保團隊成員之間能夠及時溝通。

表 4-3　團隊溝通制度

1.溝通是指團隊成員之間進行工作的溝通。

2.溝通可通過召集會議、發送電子郵件及書面、口頭溝通等方式進行。

3.每一個團隊都要有明確的團隊聯絡員。

4.在工作正式開始前，團隊聯絡員要向團隊成員公佈團隊工作計劃，以方便團隊成員協助工作。

5.如團隊聯絡員出差，團隊領導要指定「臨時聯絡員」並將名單公佈。

6.由團隊聯絡員發起召集會議，至少在會議的前一天公佈正式的會議通知。

7.由團隊聯絡員協助團隊領導進行會議的籌備工作。

8.團隊聯絡員負責記錄團隊聯絡通知單。

9.會議要有明確的議題，會議結束後要對議題有明確的結論。

10.對於重要議題的結論，需全體與會人員簽字。

11.團隊聯絡通知單要向相關人員公佈。

12.當溝通無法達成一致時，團隊聯絡員要及時向團隊領導講明情況，以請示協助解決。

表 4-4　團隊聯絡員崗位描述

崗位名稱	團隊聯絡員
直接上級	銷售部經理
本職工作	負責與團隊的聯絡工作
工作責任	1.保證及時準確地與團隊聯絡 2.瞭解並掌握團隊客戶的需求，整理成客戶資料，轉交給銷售員 3.協助銷售員與團隊客戶進行談判 4.按照程序，完成接團工作 5.配合相關的業務部門，爲團隊客戶提供相關服務 6.將團隊客戶的意見整理成書面材料，上報銷售部經理 7.團隊離開後，對團隊進行跟蹤訪問，並提出團隊訪問報告，上報銷售部經理 8.每月提出一份工作總結，上報銷售部經理 9.熟悉本崗位工作，努力學習相關知識
工作範圍	銷售部及外出聯絡

表 4-5　團隊聯絡通知單

文件編號：_____	歸檔日期：____年__月__日
執行人：(團隊聯絡員簽字)_____	收到日期：____年__月__日
團隊名稱：_____	
團隊主要議程： 1. 2. 3.	

　　溝通的好壞直接影響著團隊成員的工作效率和工作業績，因此，許多知名企業都把溝通列爲企業文化建設的重要組成部分。

　　IBM 公司的文化中特別強調雙向溝通，不存在單向命令和無處申訴的情況。IBM 至少有四條制度化的通道給員工提供申訴的機會。

　　第一條通道是與高層管理人員面談。員工可以借助「與高層管理人員面談」制度，與高層經理進行正式的談話。這個高層經理的職位通常會比員工的頂頭上司位置高，也可能是公司的經理或是不同部門的管理者。員工可以選擇任何個人感興趣的事情來討論。這種面談是保密的，由員工自由選擇。面談的內容可以包括個人對問題的傾向性意見和自己所關心的問題。員工反映的這些情況公司將會交有關部門分類集中處理，不暴露面談者的身份。

　　第二條通道是員工意見調查。這條路徑定期開通，IBM 通過對員工進行徵詢，可以瞭解員工對公司管理層、福利待遇、工資待遇等方面的有價值的意見，使之協助公司營造一個更加完美的工作環境。很少看到 IBM 經理態度惡劣的情況出現，也許與這條通道的設置密切相關。

　　第三條通道是直言不諱。在 IBM，一個普通員工的意見完全有可能會送到總裁的信箱裏。「直言不諱」就是一條直通通道，可以使員工在毫不牽涉直屬經理的情況下獲得高層經理的答覆。沒有經過員工同意，「直言不諱」的員工身份只有一個人

知道，這個人就是負責整個「直言不諱」的協調員，所以員工不必擔心暢所欲言的風險。

第四條通道是申訴，IBM 稱其為「門戶開放」政策。這是一個非常悠久的 IBM 民主制度。IBM 用「申訴」來尊重每一個員工的意見。員工如果有對工作或公司方面的意見，可以與自己的直屬經理討論，也可以通過「申訴」向各事業單位主管、公司的人事經理、總經理或任何代表申訴，這種申訴會得到上級的調查。

(二)團隊溝通技巧

在團隊中進行溝通要掌握以下兩種技巧。

1.積極傾聽

很多人將「聽」與「傾聽」混為一談，其實，二者是有差別的。聽，主要是對聲波振動的獲得；傾聽，則是弄懂所聽到內容的意義，它要求對聲音刺激給予注意、解釋和記憶。俗話說「聽話聽聲，鑼鼓聽音」、「話裏有話，話外有音」。如果不積極地傾聽，就不可能真正理解說話者的意圖。積極傾聽(Active Listening)，是指在思維上參與說話，給予非語言反饋。同時，在腦中對資訊進行分析，提出疑問。

一般人的正常說話速度是每分鐘 125~200 字。但是，傾聽者平均每分鐘可以接收 400 字以上的資訊。這就使得在傾聽的時候留給大腦很多空閒時間，使其有機會「神游四方」。而對於大多數人來說，也正意味著他們養成了很多壞習慣來利用「這段空閒時光」。

　　下面的 8 種行為與積極的傾聽技能有關。有前面人體語言知識作為基礎，將會更容易學習和理解傾聽的技巧。

　　(1)與對方目光交流。說話者在說話的同時也在觀察你的眼睛，判斷你是否在傾聽。如果我們尊重對方，真正用心在聽，就要看著對方。溝通是在接受者內心深處進行的。

　　(2)恰當的反應。積極的傾聽者會對所聽到的資訊表現出興趣。贊許性的點頭、恰當的面部表情與積極的目光接觸相配合，向說話人表明你在認真傾聽。

　　(3)避免分心的手勢和姿態。在傾聽時不要有下列舉動：看表，將手摟在頭後，心不在焉地翻閱文件，拿著筆亂寫亂畫或身體背對著對方等，這會使說話者感覺到你很厭煩或不感興趣。更重要的是，這也表明你並未集中精力，因而很可能會遺漏一些說話者想傳遞的資訊。

　　(4)適當的提問。批判性的傾聽者會分析自己所聽到的內容，並提出問題。這一行為保證了理解的準確性。

　　(5)復述。積極的傾聽者常常使用這樣的語句：「我聽你說的是……」或「你是否是這個意思？」復述是檢查你是否在認真傾聽的最佳手段。同時，復述也在檢驗自己理解的準確性。

　　(6)請勿打斷說話者。在你作出反應之前先讓說話者講完自己的想法。不要急於表達自己的觀點。否則，你可能會遺漏重要的資訊。

　　(7)耐心傾聽。大多數人樂於暢談自己的想法而不是聆聽他人所說。很多人之所以傾聽，僅僅因為這是能讓別人聽自己說話的必要付出。一個好聽眾應該是一個耐心的傾聽者。好的傾

聽者能夠聽到對方未說出口的話。

(8)使聽者與說者的角色順利轉換。對於在課堂上聽講的學生來講，可能比較容易形成一個有效的傾聽模式。因爲此時的溝通完全是單向的，教師在說而學生在聽。但這種教師—學生的固定角色並不典型。在大多數團隊活動中，聽者與說者的角色在不斷地轉換。積極的傾聽者能夠使從說者到聽者以及從聽者再回到說者的角色轉換十分流暢。從傾聽的角度而言，這意味著全神貫注於說者所要表達的內容，即使有機會也不去想自己接下來要說的話。

在團隊中，言談是最直接、最重要和最常見的一種溝通途徑，有效的言談溝通很大程度上取決於傾聽。哈斯和阿羅爾德(Hass & Aruld)發現，具有良好傾聽技能的人往往可以在工作中自如地與他人溝通。對全美 500 家最大公司進行的一項調查表明，作出回應的公司中有超過 50%的公司爲他們的員工提供傾聽培訓。作爲團隊，成員的傾聽能力是保證團隊有效溝通和保持團隊旺盛生命力的必要條件；作爲個體，要想在團隊中獲得成功，傾聽是基本要求。有研究表明：成功的經理人大多是很好的傾聽者。

2.表現出興趣

團隊溝通的另外一種技巧，就是真心對別人感興趣。許多管理者一生中都在想方設法使員工對他們感興趣。事實證明，這種想法是錯誤的。員工不會對管理者感興趣，而只會對他們自己感興趣。

紐約電話公司曾經對電話中的談話作了一項詳細的研

究，試圖找出一個最常在電話中提到的詞。結果發現，這個詞就是第一人稱的「我」。在 500 個電話的談話中，這個詞被使用了 5000 多次。當一個人拿起一張包括自己在內的照片時，他最先看到的是誰？當然是自己。

　　團隊管理者只要真心對員工感興趣，他的管理活動就能取得出人意料的成績。在多數情況下，一個公司需要幾位主管在一起合作工作，他們必須要知道管理技巧的獲得與團隊合作並非一蹴而就，而需要持續不斷地付出一段時間的努力。溝通不一定建立在完全信任的基礎上，沒有「信任」的「溝通」有時也是有用的，但信任卻必須完全建立在清楚的溝通之上。不僅是團隊，還包括家庭及其他組織都必須依靠開放的溝通來解決問題。設身處地地爲他人著想：學著感受別人的需要並接受彼此的歧異之處，也嘗試從別人眼中看你自己。若能看到別人眼中的自己，你在溝通方面會更容易成功。

打造你的成功團隊　培訓遊戲

遊戲名稱：殺手與法官

主旨：

　　遊戲在緊張、詭秘而不乏機動、靈活的氣氛中進行，遊戲中各類角色所進行的自我辯護，有利於提高你的警覺性，啓發思維，能夠鍛煉隨機應變的能力，當你是個還不善言詞或爲每次應酬找不到話題而苦惱的人時，你可嘗試參加這樣的遊戲，從另一方面來說，它也有助發洩內心的壓力。

◎遊戲開始

時間：45 分鐘

人數(形式)：12 人

材料準備：和人數相等的撲克牌，或任何有不同標記的事物，很多場合可以名片代替。

◎遊戲話術：

今天幹什麼呢？當然是「殺人」啦。我現在還想不出其他有什麼東西能有這麼大的吸引力。隨便指向一個學員，面帶神秘的說：

「你殺過人了嗎？」

「當然沒有。」

「那你想不想殺人，來點兒刺激？掩人耳目地把你週圍的人統統殺死！」

接著面向全體學員，「殺人遊戲」目前已不是藏匿在民間的小圈子遊戲了，近期媒體都在報導，傳遍各地，可惜一些「敏感」企業家可能根本沒玩過，看來大有在遊戲手冊中推廣的必要。

◎遊戲步驟：

參加「殺人遊戲」有 3 種角色。

選 1 人做法官。由法官準備 12 張撲克牌。其中 3 張 A，6 張爲普通牌，3 張 K。眾人坐定後，法官將洗好的 12 張牌交大家抽取，抽到普通牌的爲良民，抽到 A 爲殺手，抽到 K 的爲警察。自己看自己手裏的牌，不要讓其他人知道你抽到的是什麼牌。法官開始主持遊戲，眾人要聽從法官的口令，不

要作弊。

法官說：「黑夜來臨了，請大家閉上眼睛。」等都閉上眼睛後，法官又說：「請殺手殺人」。抽到 A 的 3 個殺手睜開眼睛，殺手此時互相認識一下，成為本輪遊戲中最先達成同盟的群體，並由任意一位殺手示意法官，殺掉一位「好人」。法官看清楚後說：「殺手閉眼」。稍後再說「警察睜開眼睛」。抽到 K 牌的警察可以睜開眼睛，相互認識一下，並懷疑閉眼的任意一位為殺手，同時向法官看去，法官可以給一次暗示。完成後法官說：「所有人閉眼」。再過一會兒說「天亮了，大家都可以睜開眼睛了。」

待大家都睜開眼睛後，法官宣佈誰被殺了，同時法官宣佈讓大家安靜，聆聽被殺者的遺言。被殺者現在可以指認自己認為是殺手的人，並陳述理由。遺言說罷，被殺者本輪遊戲中將不能再發言。法官主持由被殺者身邊一位開始任意方向挨個陳述自己的意見。

意見陳述完後，會有幾人被懷疑為殺手。被懷疑者可以為自己辯解。由法官主持大家舉手表決，殺掉票數最多的那個人。被殺者如是真正的兇手，不可再講話，退出本輪遊戲。

被殺者如不是殺手，可以發表遺言及指認新的懷疑對象。在聆聽了遺言後，新的夜晚來到了。如此往復，殺手殺掉全部警察即可獲勝，或殺掉所有的良民便可獲勝。警察和良民的任務就是儘快抓出所有的殺手，從而獲勝。

目前也有不設警察身份的玩法，討論更加激烈。但時間較長，並且壞人容易得逞。

◎角色分析：

「好人」語錄：

1.做好充分心理準備：被「殺」死的準備。在第一夜，「殺手」會無情地「殺」死一個好人，在座的每個人都可能成為第一個受害者。這個人會死得很難看，天亮時，你已經死了，而每個人看上去都很無辜。但你還要留下線索，這時往往「直覺」作用很大，判斷失誤率也較高，很可能誤導剩下的好人。此後慘案陸續發生，好人的神經也更緊張，黑夜裏你可能死於「殺手」刀下，白天你可能死於好人們的「誤殺」。

2.要用自己的「風格」(沈默？微笑？辯解？澄清？)讓大家相信你真的是「好人」。大多時候，真誠是很重要的，尤其在人多時，你的猶豫和不堅定會掀起群體性的懷疑和攻擊。

3.一定要指出你的懷疑對象。因為比較嫩的「殺手」總是指東指西，一副猶豫不決的樣子。作為好人，你一旦表現得不確定，好人們不會對你手軟的

4.注意觀察被「殺」者順序。任何一個「殺手」都有自己的「殺人」風格。比如先「殺」男再「女」、先「殺」身邊的再「殺」對面的等等。而且，當有兩人或兩個以上「殺手」時，你要考慮什麼樣的「殺手」組合會以什麼樣的順序「殺人」。這裏的經驗是：優秀的「殺手」總是先「殺」不太受人注意的人物，因為他們留下的線索最少。

5.注意投票裁決「殺」人的舉手情況。稚嫩的「殺手」容易跟風，他會在關鍵時候最後舉手(或不那麼堅定)，以便到達「殺」一個人要求的半數票。

6.找出比較嫩的「殺手」的邏輯，但遇到手段高超的「殺手」，你就要憑感覺了。有一個秘訣：當遊戲進行到最後，那個表現最成熟、理由最充分、看起來最無辜的傢夥，必定是「殺手」。

「殺手」語錄：

1.絕對鎮定。第一次當「殺手」的人總是按捺不住激動，這從臉色、小動作、談話語氣中就暴露了。而真正的「冷面殺手」最好面無表情，至少在剛剛拿到「殺手」牌的時候要做到。

2.儘量自然。在遊戲進行中，你要像往常一樣，該說就說、該樂就樂、該沈默就沈默，不要讓人家看出你與上局遊戲中的表現差別太大。

3.「殺」人要狠。無論是單個「殺手」行兇還是多個「殺手」合謀，「殺」人時一定要迅速決絕，不要心慈手軟。一般「殺」死大家認爲與你很親近的人，最能贏得別人的信任，好人們會以爲你不可能這麼無情。

4.先殺那些不愛說話的。因爲這樣的人死了，一般不會留下對你不利的「遺言」。不過這也要見機行事，有時候留下那些搖擺不定的好人，會讓局面更亂，你就可以亂中取勝了。

5.指證「殺手」時要明確，舉手投票「殺人」時要堅定。「殺手」要明確，除了在黑夜裏可以肆無忌憚地「殺」人，在白天你可是個「大好人」，你要堅決地指認你認爲的「殺手」，還要爲你認爲的好人辯護。學會幫好人說話，往往可以贏得好人的好感，你自己隱蔽得就更深了。

6.當人數越來越少，局勢越來越清晰的時候，「殺手」一定要表現得思路清晰。

每次發言你都要澄清兩個問題：你為什麼不可能是「殺手」；誰誰為什麼一定是「殺手」。但是，別忘了人是有感情的動物，這時候，誠懇、簡潔的解釋更為有力。

注意事項：

1.按流程辦事。因為事關「生死」，每個人都想說話，這個遊戲容易造成一片混亂的局面。裁判要像法官，嚴格按流程辦事，發言者言盡則止，不許反覆陳說。所有判決都要經過舉手投票表決，因為人們往往在投票的剎那間念頭就發生了變化。

2.嚴防「死人詐屍」。這會使得遊戲的趣味減少很多。在「殺人」遊戲中，最有趣的情況就是，死去的人什麼都明白，但他已經失去了說話的權利。就像我們常說的：天堂裏都是明白人。

3.威嚴。裁判要說話算數，不要反覆。在辯論出現混亂和僵持的時候要果斷決定：現在投票；讓我們舉手說話。

4.注意節奏。往往在遊戲開始的時候，大家發言不很踴躍，這時可以讓發言者儘量快些，節奏加快有助於調動參與者的積極性；而越到後面，情況越緊急越微妙，裁判要讓節奏放慢，給每個人充分辯解和考慮的時間。

5.中立。絕對不能流露出一點帶傾向性的評論，不要和發言者討論。你最常用的記號應該是：「大家閉眼」、「好，天亮了」、「說完了嗎」、「還有其他的嗎？」、「確定？」、「請舉

手」「某某死了」等。最後，任何參加「殺人」遊戲的人千萬不要把遊戲和現實生活對號入座。這純屬是一種智力遊戲，與個人道德無關。

◎參考答案：

這個遊戲最大的好處就是，在放鬆中體會與不同角色的人鬥智鬥勇，其樂無窮。而且你還會知道你是怎麼死的，有機會在下次遊戲中報一「殺」之仇。你會發現一個糊塗的「好人」有時比「壞人」還危險。你可以把一個你平時不喜歡的人給「殺」了，那怕是誤「殺」。玩「殺人遊戲」你會發現當壞人占盡了便宜，而好人則顯得愚昧，任人宰割。

在遊戲中，你可以當個壞蛋，可以隨意「殺人」，這也是一種發洩，人們有一種原始的、人性的東西就是征服欲，在現代社會被壓抑著，通過虛擬遊戲，就能釋放出來。現代人工作壓力很大，遊戲可以讓人們暫時退出社會舞臺，緩解心理壓力。

心得欄

第 *5* 章
培訓出成功團隊

　　建立一支訓練有素的員工隊伍，確保團隊成員受到充分的訓練，只有每個成員擁有真正的技能才能實現團隊的目標。培訓出一支優秀的成功團隊，才有能力應對不斷變化的內外部環境，才有能力應對不斷增長的團隊績效的需求。

案例研究

　　茫茫大海裏，幾隻零星的海豚在覓食。忽然，它們看到在海洋深處游動著一大群魚，如果因為饑餓衝向魚群，急於求成，魚群就會被衝散，它們的策略是以靜制動，它們尾隨在魚群後面，用特有的聲音向大海的遠方召喚。它們在召喚其夥伴過來助陣，一隻、兩隻、三隻……越來越多的夥伴游了過來，不斷加入到隊伍中來。十隻、二十只……已經五十只了，它們還在不停地呼喚，當海豚的數量聚到一百多隻的時候，奇跡發生了。

　　所有的海豚游動著環繞在魚群週圍，形成一個球狀，把魚群全都圍攏在中間，它們分成小組有秩序地衝進球形中央，慌亂的魚群無路可逃，當中間的海豚吃飽以後，它們就會游出來，替換外面的一隊夥伴，讓它們進去美餐，就這樣不斷循環往復，直到最後一隻海豚都得到了飽餐。

　　海豚這個海洋精靈真是偉大，不僅懂得團結協作，而且還那麼有策略，自始至終，處處都體現了海豚的智慧。

　　打造像海豚一樣優秀的團隊是企業經營的關鍵。如何成為成功的團隊要看領導力，領導力決定這個團隊能不能打敗對手。

　　下面我們再來回顧一下海豚吃魚的情形，重溫一下海豚的團隊精神。當海豚在海水裏游動的時候，它們欣喜若狂看到海洋深處游動著一個很大的魚群，這時它們並沒有因為饑餓而慌亂衝向魚群。如果那樣，魚群就會被衝散。它們的策略是小心

翼翼地不動聲色地尾隨在魚群後面，然後用特有的聲音「吱、吱……」向大海的遠方召喚。一隻、兩隻、三隻……越來越多的夥伴游了過來，不斷地加入到隊伍中來！哇，已經五十多隻了它們還沒有停止，當海豚的數量彙聚到一百多隻的時候，奇跡發生了！所有的海豚圍著魚群環繞，形成一個球狀把魚群全部圍在中心。它們分成幾個小組有秩序地衝進球形中央，慌亂的魚群無路可走，變成這些海豚的腹中佳餚。當中間的海豚吃飽後，它們就會游出來替換在外面的夥伴，讓它們進去美餐。就這樣不斷循環往復，直到最後，每一隻海豚都得到了飽餐。

從海豚圍攻魚群的故事中，我們深刻感受到了團隊的力量，團隊的力量無堅不摧，完美的團隊讓每個人都實現了個人理想，正所謂沒有完美的個人，只有完美的團隊！沒有規矩，不成方圓；一個成功的團隊造就無數個成功的個人！

第一節　創立學習型團隊的若干理由

今天，建立學習型組織、學習型團隊和學習型個人的提法越來越多，對於爲什麼我們必須要向「學習型」靠攏，人們總結出了許許多多的理由：

· 爲了達成團隊的願景和目標；
· 爲了改善團隊的表現；
· 爲了擴大競爭優勢；

· 避免衰退；

· 改善產品、服務和管理品質；

· 爲了實現人們對自身發展的追求；

· 增進工作中的樂趣；

· 爲了有效地保留員工；

· 爲了建立一支訓練有素的員工隊伍；

· 因爲時勢所趨；

· 爲了擴展個人和團隊認知的局限；

· 爲了面對各種變革；

· 幫助人們更積極主動地工作；

· 促進人類的進化；

· 發展人類學習的本性；

· 爲什麼不呢？

　　基於上述理由，建立學習型團隊的這種觀念就變得更難以駁斥了。建立一支訓練有素的員工隊伍，的確能夠給組織或團隊帶來很多利益。儘管如此，我們並不能保證培訓下屬就一定能夠讓組織或團隊走向成功，但可以肯定的是：沒有或欠缺培訓的組織或團隊，一定不能維持長久的繁榮。這就是每年有那麼多的組織要花費數以億計的金錢和無數的人力成本來進行人力資源開發的原因。

第二節 團隊績效的新解

1.TEAM 新解

任何對改進團隊工作業績感興趣的管理者，都會想方設法確保每一個團隊成員受到充分的訓練，因為只有每個成員擁有真正的技能才能實現團隊的目標。對於團隊的英文「Team」，有一個新的解釋，如圖 5-1 所示：

圖 5-1 Team 新解

T──target，目標；

E──educate，教育、培訓；

A──ability，能力；

M──moral，士氣。

Team 代表的是：按團隊的目標對團隊成員進行適當的訓練，提升他們的能力，從而提高他們的士氣。

2.團隊的績效方程式

團隊績效＝F（知、願、能、行）

團隊績效的方程式是團隊成員的知、願、能、行共同組成的一個函數關係，具體含義如下：

- 團隊的績效與團隊成員是否擁有足夠的專業知識有關。
- 團隊的績效與團隊成員個人良好的工作意願有關。
- 團隊的績效與每個團隊成員擁有的技能有關。
- 除了有足夠的專業知識、良好的願望和個人的技能之外，還要有行動，最終只有通過行動才能付諸實施。

團隊績效與員工的知識、技能和經驗有著密切的關係，因此團隊領導者首要的責任就是要有效地培訓下屬。培訓下屬是水漲船高的過程，是取得雙贏的途徑。下屬取得了績效，團隊的績效也因此而提升；下屬擁有足夠的技能，團隊實現目標的可能性也就越大。

3.培育下屬的 PDCA 循環

團隊希望通過培訓的方式來改變成員的知識、技能和態度，進而改變人們的行為。要獲得良好的培訓效果，在培育下屬方面時要遵循 PDCA 循環，即「計劃-執行-評價-行動」的管理循環。具體來說，就是首先制訂培訓計劃，其次實施培訓計劃，每次培訓結束後再進行效果評估，最後要安排強化作業來鞏固培訓效果，遺留的問題轉入下一個循環。每一個循環都呈現出螺旋式上升的過程，一個循環結束即意味著下一個循環的開始，如圖 5-2 所示。

圖 5-2　培育下屬的 PDCA 循環

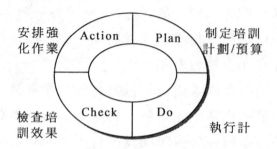

確立培訓需求，可以從三個層面來考慮：

・團隊需求。團隊或團隊領導者希望學習者成為什麼人？

・績效需求。要達到預期的成果，人們還欠缺什麼技能？

・個人需求。學習者希望自己擁有那些知識和技能？

　　如果上述的三項需求都能夠吻合，那是再好不過的了。然而實踐中往往會出現偏差，比如，學習者基於個人的發展目標，希望能夠學習跟目前的工作職責無關的技能，這並不符合當前的團隊需求和績效需求。這種情況下就要看團隊領導者是否支持學習者的個人想法，可能的結果有：領導者不支援員工的個人發展方向，因為團隊暫時不會設立員工所希望的工作崗位，此時員工的個人需求被忽視；領導者欣賞員工的想法並認為其有潛力在其希望工作的崗位上發揮更大的作用，團隊也正好需要增加這個崗位，領導者願意成人之美，此時員工的個人需求和團隊需求經調整後達成一致。

　　最簡單的確定培訓需求的辦法就是找出現實與期望之間的差距，如圖 5-3 所示，圖中下線表示目前已具備的能力水準，中線表示目前應該具備的能力水準，上線表示未來應該具備的

能力水準，已具備的能力和目前應具備的能力之間的差距就構成了近期的培訓需求，已具備的能力和未來應具備的能力之間的差距就是從發展角度要考慮的長期培訓需求。組織者再根據培訓需求來制定培訓計劃。

圖 5-3　確立培訓需求

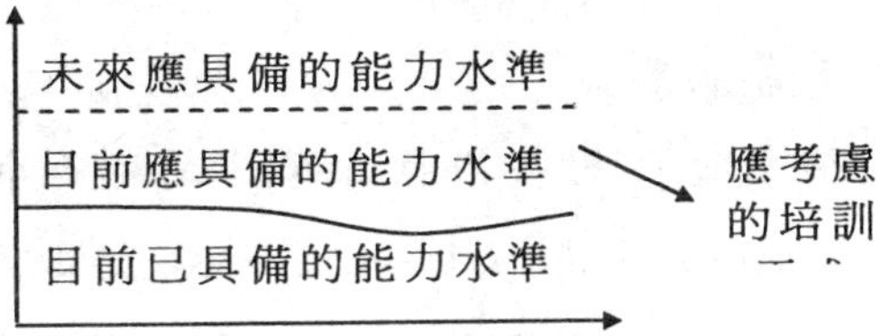

未來應具備的能力水準

目前應具備的能力水準

目前已具備的能力水準

應考慮的培訓

制定培訓計劃可以分為六個層面，如表 5-1 所示就是有關培訓計劃的方案要點。

表 5-1　培訓計期的方案要點

培訓項目	培訓方法	所需資源	預定日期	培訓老師	追蹤結果
電話接聽的技巧	OFF-job training	教材/設備場地/道具預算	21日 9：00AM	李光遠	培訓經理
解決客戶投訴	OFF-job training	貴賓卡場地/預算	3月中旬	店長	地區督導
電腦製作講義	Self development	N/A	5月底以前		培訓經理

參當勞訓練的四個步驟

在麥當勞進行培訓，始終遵循四步驟流程：

第一步：準備

萬全的準備是培訓工作順利進行的基礎。例如，培訓部門

要對員工進行收銀方面的培訓，有關的準備工作如下：

訓練員自我準備。包括熟練掌握訓練內容，做好心理準備，避免緊張因素，考慮培訓時的語言組織，事先計劃好要提問的問題等。

時間、地點、設備的準備。在員工班表上將員工訓練時間用彩筆標注出來，並確定培訓地點，確保有關培訓需要的設備如放映機等處於正常狀態。

資料準備。在麥當勞的每個員工工作站都有相應的工作流程，稱之為 SOC(station observation checklist 翻譯為崗位觀察核對表)，這就是員工們的培訓資料，培訓開始前，訓練員要提前將資料發給員工。

員工準備。培訓前，訓練員要讓每個員工在相對放鬆的狀態下去學習，只有這樣，員工們才不至於有任何壓力，從而快速掌握需要掌握的工作知識和技能。

第二步：呈現

一切都準備好以後，接下來就要把培訓的內容呈現給學員。訓練員通常會把培訓內容分解為幾個部分，把實際的操作過程分解為幾個步驟，並給參訓的員工示範。呈現時最重要的是強調標準，而不是速度，要讓學員看清楚每個步驟，就像電視畫面中的慢鏡頭一樣。

第三步：試做

當學員看完培訓老師的示範後，要求學員根據培訓的標準，試著操作一遍。試做的時候鼓勵學員提問。同時要注意及時對員工的表現給予反饋，對員工正確的表現予以正面認知，

以增強員工的自信心；一旦發現錯誤，隨時糾正，必要時重新示範。

第四步：追蹤

真正的訓練過程並不是到試做階段就結束了，還要繼續追蹤，追蹤有兩種方式：一種是告知員工將要檢查他的學習成果；另一種是不事先通知員工，而在一旁觀察他的操作情況。追蹤的頻率取決於員工的表現，如果追蹤發現他完成得比較好，就可以逐步減少追蹤。參當勞的工作標準能夠長久維持，最重要的一點就是不斷地進行追蹤，即使員工完成了項目培訓，也要每兩個月定期追蹤一次，以確定其工作是否一直保持較高標準。

第三節　讓下屬快速成長

一、營造成長的環境

領導者應以營造團隊健康的成長環境為己任，把團隊變成一個以不斷學習為主要特徵的學習型團隊，要讓每個團隊成員都認識到：只有不斷學習，才能有能力應對不斷變化的內外部環境，才能有能力應對不斷增長的團隊績效的需求。

有人問：「松下公司是製造什麼的？」

松下答：「我們也製造商品！」

很多人對這個「也」百思不得其解，松下的解釋是：我們

在製造商品之前，首先是一個人才的加工廠。

　　如果我們的組織或團隊都能像松下公司那樣，以塑造學習型環境爲企業的立足之本，那就等於搭建了一個眾人成長、組織成功的大平臺。

　　人的成長與環境息息相關，一次個人經歷讓王先生對此體會頗深。幾年前，大學同學在分手十年後如約聚會。當年的同學情讓他們在聚會時親如手足，真正令王先生驚歎的並不是每個同學臉上刻下的滄桑，而是每個人的閱歷和觀念的變化。十年之隔，多數學友都有了長足的進步：有人在優秀的企業工作，無論是想法，還是行爲都閃現出職業的光芒；有人已經讀完博士，榮升教授；有人自己做起老闆，話裏話外都是生意經；有些人仍然在談論十年前的話題，他們並不是在懷舊，而是他們就是處在那樣的環境中……這一切似乎都與人們所處的環境有著緊密的聯繫，有什麼樣的環境就可能造就什麼樣的人。

　　偶爾去海洋館遊玩，看見鯊魚在水中暢游，好不自在。心中突然多了一個疑問：要是任由鯊魚猛吃猛長，日後豈不撐破容器？於是就此問題請教身旁的工作人員，工作人員笑答：不必擔心！鯊魚長不大。

　　這樣的回答更令人詫異：難道你們給鯊魚吃了什麼藥？或者打了什麼針？於是再請教。工作人員有問必答：鯊魚和它生存的環境和空間總是維持著適當的比例，如果你把它放在一個小杯子裏面，它就長幾寸長，而且也成熟了，也能生兒育女；如果你把它放歸大海，它就長成巨大的食人鯊。

　　真的令人不可思議：鯊魚與環境之間居然有如此密切的關聯。這大概就像人與組織環境之間的關係一樣，你無法逃避環境的影響。在一個糟糕的組織環境中，能夠突飛猛進的只是個別人；反過來，在一個學習型的組織氣氛中，你不想學習和進步恐怕也很難。道理就是這麼簡單！

　　營造學習型的團隊環境受多方面因素的影響，組織中的各階層成員都會影響到學習環境的塑造，如圖 5-4 所示。

圖 5-4　影響學習環境的因素

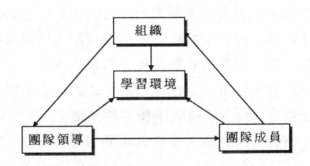

1.來自組織的影響

　　如果組織對於團隊的人力開發持正面、肯定、積極的政策，則有益於營造學習環境。可能的措施有：

- 增加培訓預算，支援培訓；
- 要求團隊制定符合目標的培訓計劃；
- 提供培訓場地、設備、時間等資源；
- 對團隊培訓成果的評價和追蹤……

2.來自團隊領導者的影響

團隊領導者可以通過對企業決策層施加影響來獲得組織的支援，也可以通過對團隊成員施加影響來贏得成員們對培訓工作的投入和配合，具體做法有：

· 組織高層人員增加對培訓的支持和財務投入；

· 在團隊內部形成有關培訓的制度，如獎優罰劣等；

· 率先垂範，自己親自擔任教練；

· 主動尋找團隊或組織外部的各種教練資源……

3.來自團隊成員的影響

團隊成員是學習型環境最大的受益者，然而他們自身的表現也在一定程度上決定了能否形成真正良好的學習氣氛。在下列情況下員工們的行為會有助於學習環境的改善：

· 員工們能夠自由地表達他們對於培訓的需求和渴望；

· 員工們參與培訓時投入了極大的熱情；

· 員工們能夠真實地反饋培訓效果，並促成下次的改善；

· 員工們能夠做到學以致用，通過培訓改善了工作行為和工作績效，讓領導者看到了培訓所帶來的有效成果，並願意繼續加強培訓力度……

除了人的因素，組織和團隊中還有很多其他因素也同時影響著學習環境，比如，組織既有的文化、組織的財力、過去的傳統習慣、組織中現有的培訓基礎和資源等。無論如何，團隊領導者都應該努力爭取並整合人、財物、時間、資訊等資源，通過漸進或跳躍式的方式向學習型團隊邁進！

二、成為下屬的教練

　　領導應該率先垂范，首先成為下屬的教練，為下屬提供知識和指導，致力於開發下屬的技術和能力，幫助下屬調整好個人狀態，而不僅僅是監督和管控員工。要成為一名教練，要做到如下幾項：

　　1.要傾聽員工的職業發展目標。任何一個員工都希望能在一個團隊中獲得個人職業生涯的發展，如果領導願意聆聽下屬的想法和未來的職業傾向，他們就會感受到領導者的關注。

　　2.要根據員工的業績，找出他們需要加強的培訓項目。在每個人取得一定業績的過程中，都會顯示出那些技能還不夠，這正是他需要加強的培訓項目。

　　3.在員工培訓前給他們一些輔導。如告訴他這些課程將會討論那些方面的內容，需要做好那些方面的準備，需要提前收集什麼材料，準備什麼案例，以什麼樣的方式去學習等。

　　4.培訓期間找人接替他們的工作。有很多領導在這方面做得不夠，一方面派下屬去培訓，另一方面卻不斷打電話告訴他們工作還要繼續關注，使下屬在培訓中分心。實際上要達到良好的培訓效果，就要讓參加培訓的人員徹底與工作絕緣。

　　5.培訓後傾聽他們的感受，協助受訓人制定目標和行動計劃，這樣才能使下屬真正有所收穫。

　　6.檢查目標完成的情況，並進行評估。

　　7.鼓勵員工將受訓所得與新夥伴進行分享。

8.堅持每週 10 小時的自我學習和檢測。

團隊領導的態度、知識和所採取的方式，在很大程度上會影響受訓者學習的效果以及日後的運用效果。當團隊成員將自己所學的知識和技能在工作中運用的時候，領導者要不失時機地進行表揚。這樣做是強化學習效果的最好方法。

一個空氣清新、有風的早晨，一隻老鷹和兩隻幼鷹從高山上相對安全的巢中俯視廣闊的內陸平原。今天是一個非常特殊的日子，兩隻小鷹將開始學習飛翔的第一課，他們懷著焦慮和緊張的心情等待這一刻的到來。

老鷹凝視著平原上空的一隊海鷗，它們正在表演著優美的飛翔(飛向海灣)。老鷹又默默地把注意力移向三頭徘徊在岸上的水牛和下面沼澤地裏發出微弱尖叫的幾隻水鳥。

巢裏充滿了自豪和希望的氣氛。老鷹平靜地轉向小鷹說：「你們可能已經意識到今天要學習飛行了。好吧，我的朋友和學生們，今天你們不僅要學習飛行，我還要讓你們獲得自由和抉擇，去迎接不斷的挑戰。」老鷹眼睛眨了一下，平靜地向後站，做了一個深呼吸並躍向平原，兩隻小鷹敬畏地看著老鷹在天空中翱翔飛舞。

過了一會兒，老鷹回到了巢中，再一次做了深呼吸。老鷹微笑著，伸出兩爪把兩隻小鷹安全地抓在它的翅膀下。老鷹把兩個學生帶到岩石突出部，俯視一個小的峽谷，把小鷹輕輕地放下，老鷹感到學生們都突然處於提心吊膽的焦慮狀態。隔了一會兒，老鷹用平靜和關心的聲音問：「你倆有什麼話要說？」

　　兩隻小鷹緊張地相互看著，最後，一隻小鷹回答：「這種飛行看來是不可能的。我恐怕永遠也不能像你一樣好。自從昨天我聽到我將學習飛行我已經做了可怕的噩夢。」接著另一隻小鷹說：「我整個上週都在試著飛，降落時我弄傷了自己的翅膀。我不覺得我能學會什麼。」

　　老鷹用令人信服的口氣說：「當我學習時也有與你們相同的感覺。你們看，飛行正像我們生活中的任何一種任務——與覓食的訓練一樣，需要時間去學習。飛行不像考試那樣有什麼及格或滿分。飛行是學習發現自我和實自我。現在讓我們復習飛行的關鍵原則。」

　　那個上午的其餘時間，老鷹訓練兩隻小鷹從四個重要原則開始：放鬆、確保速度、直奔目標、靈活的身體姿勢和追求快樂。然後老鷹通過這些原則及每個原則的細節慢慢引導小鷹。在每種情況下，老鷹演示、小鷹練習。過了一會兒，小鷹練習跳出岩石突出部，降到幾英寸下面的地上。老鷹鼓勵小鷹更冒險，但大部分是在輕鬆的玩笑中說出來的。有幾次老鷹離開，讓小鷹在沒有指導的情況下討論和復習學到的東西。老鷹回來時則帶回來一些新鮮有滋味的蜥蜴作為對小鷹們的獎勵。

　　在接下來的幾天課程中。每天面臨的練習都比前一天更難一些。當然，有時小鷹甚至老鷹都會犯錯，儘管如此，他們都認為這是訓練過程中必然會出現的。小鷹的信心和飛行技巧與日俱增。遠程旅行的一天終於來到了。到了臨行的前一天，老鷹告訴小鷹，明天將飛離山上的小巢。

　　那個晚上，小鷹們在山上的小巢裏踏踏實實睡了一個好

覺。他倆心中有底，因為訓練的第一個早晨到現在已經經歷了一個漫長的歷程。重大的一天來到了，在明媚的陽光下，大地很快開始變暖，奇妙的氣流開始從下面的廣闊大地向上滾動。

老鷹發出信號，做了一次深呼吸後就飛向曠野。開始一隻小鷹有些恐慌，但很快，老鷹的聲音就幫助小鷹回憶起曾詳盡練習過的如何放鬆和恢復正確的身體姿勢。僅僅幾秒鐘，小鷹的努力就使自己又恢復了真正有魅力的飛翔。接下來的一個小時裏，三隻鷹在空中舞蹈。最後，到達了水牛休息的地點。到達這裏後，小鷹高興得放聲大笑，老鷹自豪地站著。然後一隻小鷹轉向老鷹說：「現在我知道自由是什麼感覺了。」過了一會兒，另一隻小鷹說：「我現在夢想著我能當教練員的日子。」

聽到這些，老鷹眼裏噙著淚花轉過身去，飛向大海。

打造你的成功團隊　培訓遊戲

遊戲名稱：穿衣習慣

主旨：

運用簡單且容易讓人接受的方式，來表明改變習慣對我們工作的重要性。人們總是在無意識中，習慣於用舊方式來完成新工作，結果總是碰壁。所以我們要不斷變換新的思維，採取新的行為方式。

◎遊戲開始

時間：8分鐘

人數(形式)：15人(5人一組)

◎遊戲步驟：

1.請一位或多位與會人員(如所有穿三件套西裝的人、所有穿運動夾克的人，甚至所有穿風衣的人、所有穿毛衣的人)站起來，並脫掉他們的外套。

2.在他們穿外套時，要求他們注意先穿那只袖子。

3.然後，請他們再次脫、穿外套，這次要先穿另一袖子。

◎討論：

1.在穿外套時，顛倒習慣的穿衣次序會有何感受？在旁觀者看來又是怎樣的？

2.爲什麼顛倒了習慣的穿衣次序會顯得笨手笨腳的？

3.是什麼阻礙我們採取新的行事方式？我們進行改變時，應怎樣做才能不讓舊的習慣影響到新的行爲方式？

4.我們在培訓課中怎樣才能敞開胸懷，迎接改變，並且接受這樣一個現實；可能存在跟我們過去採取的方式同樣有效(或者更好)的完成任務的方式。

◎績效與評估：

1.有時候，嘗試一下刻意的改變，也許會讓我們獲得意想不到的效果。

2.許多人從未想過要嘗試新的做事方法，就像穿衣，一旦習慣某種方式之後，便不會再想著去改變。

3.打破原有的習慣確實讓人感到彆扭，甚至是不安，這種情況應該被人所接受，而不應該成爲被嘲諷或輕視的把柄。

4.設身處地地來看，我們應該學會心平氣和地看待那些似乎不太遵從習慣的人和事，並去檢查一下自己的固有習慣。

┌─────────────────────────────────┐
│ **打造你的成功團隊** 培訓遊戲 │

處理衝突的培訓

遊戲說明：

標準時間： 30 分鐘

在日常生活中，外部客戶與內部客戶之間會發生衝突。作為職業人員，我們必須意識到如果我們想前進的話，不管是誰的錯，必須有人付出努力解決衝突。下面的練習告訴人們，由於相互不理解，在任何業務領域都可能存在衝突。

學習目標：

這個遊戲的目標是促使人們突破慣用的思維模式，以理解衝突中的人，來滿足他們的需求並強化他們之間的關係。

指導方法：

以下是遊戲的基本步驟，培訓者可以使用商業化的語言表述它們，使參與者能夠更好地理解。

　1.第一步是請接受培訓的人找出幾個經常導致衝突的問題。要從內部和外部兩個方面思考，因為通常內部衝突更為普遍，而且內部衝突能導致對待外部客戶的惡劣態度和行為。

　2.讓接受培訓的人選擇一個導致衝突的問題。請他們描述一下表面的問題。把這些寫在活動白板上。

　3.現在，請他們陳述雙方在衝突中想要的是什麼？除了這個，他們真正需要什麼？

　4.現在讓他們以這一需要為基礎進行思考。滿足這些需要的替代方法是什麼？

5.通常會發現一旦清楚了衝突後面的真實需要或者驅動力，會有很多方法滿足需要。

這是一個突破慣用的思維模式的例子，而且需要突破的思維模式越複雜，練習的效果就越好。有很多可以用的例子，下面就是其中之一：

一個小偷闖進了一間房子，偷走了所有值錢的東西，但是在廚房的桌子上很顯眼的地方有兩張 100 美元的鈔票(bill)，卻沒有被拿走。為什麼呢？你很有可能聽到很多答案，也偶爾有人能答對。

答案：這是兩張煤氣和用電帳單(bill)。

心得欄 _____

_____

_____

_____

_____

第 *6* 章

成功團隊的領導

團隊領導力是一種能力，一個優秀的團隊領導人
首先要以身作則，率先垂範，處處做團隊成員的楷模。
在遇到困境時，能夠身先士卒，帶頭作戰，帶領團隊
衝出困境；能夠運籌帷幄，帶領團隊輕鬆制勝，那麼
這個團隊就是成功的團隊。

案例研究

人是社會性的動物，只有在集體中才能更好地體現出人的價值，脫離了群體的人是沒有任何社會意義的。

英國科學家把一盤點燃的蚊香放進一個蟻巢。開始，巢中的螞蟻驚恐萬狀，約 20 秒鐘後，許多螞蟻見難而上，紛紛向火衝去，並噴射出蟻酸。可一隻螞蟻噴射的蟻酸量畢竟有限。因此，一些「勇士」葬身火海。但他們前仆後繼，不到一分鐘，終於將火撲滅。存活者立即將「戰友」的屍體移送到附近的一塊「墓地」，蓋上一層薄土，以示安葬。

一個月後，這位動物學家又把一支點燃的蠟燭放到原來的那個蟻巢進行觀察。儘管這次「火災」更大，但螞蟻並不驚慌，因為它們這次有了滅火經驗，片刻之間就組建了一個滅火隊伍，它們調兵遣將，協同作戰。不到一分鐘，燭火即被撲滅，而螞蟻無一遇難。螞蟻創造了滅火的奇跡。這個奇跡的創造不是某只螞蟻創造的，而是因為所有螞蟻的團隊精神組成的蟻團而創造的。對於弱小的螞蟻，團隊的力量可能是無堅不摧。

第一節　企業管理首重的重點在於領導者

　　一個沒有領導力的人，他的辦事效率必定十分有限，他所帶來的影響，比起有領導力的人會有一定的距離。你想爬得越高，就越需要領導力；你想發揮更大的影響，就需要更大的影響力。無論你想實現什麼目標，都取決於你帶領別人的能力。

　　一個人的領導力是自己的一種能力，但一個人的領導或是領導者的地位卻是團隊成員給予的。一個優秀團隊領導人應該是一位將軍，在遇到困境時，能夠身先士卒，帶領團隊衝出困境；他應該是一位軍師，能夠運籌帷幄，帶領團隊輕鬆制勝，輕鬆成功。

　　如果一個領導者不能帶給團隊成員這些，那麼，團隊成員可能會收回他們給予的權力，推翻他們現時的領導，這就是為什麼人們在陷入困境時，團體會尋求新的領導。國家如果處於危急之秋，就會選舉一位新總統；公司如果屢屢虧本，就會改換經理人；教會如果欲振乏力，就會尋找新牧師；球隊如果是節節敗北，就會尋求新的教練。

　　唐史蒂芬先生是加州聖地牙哥全球服務業資源公司的總裁，這是一家國際性服務業公司。

　　史蒂芬說，他們每次接管一個公司必定先做兩件事：第

一，把所有員工重新整頓訓練，以提高服務的品質。第二，解僱原有的領導人。聽這句話的人心中難免疑惑，對於第一件事尚可理解，整頓訓練原來的員工很對、很正常。但對於第二條就有點看不懂了，原有的領導人應該更有經驗，對團隊環境更熟悉。有人會很驚訝地問史蒂芬：「你每一次都把原領導人解僱嗎？」「沒錯，每一次都這樣。」史蒂芬回答。

又問：「你難道不先跟他談談，瞭解他的情形，看看他是不是個好的領導人？」

史蒂芬回答說：「不用了，如果他是一個好領袖，就不至於把公司搞到如此地步。」

這話挺有道理的，問話的人問到這裏便不再問了，因為他已找到答案。沒錯，如果是一個好領導，何至於把公司搞垮，何以淪落到被人接管的地步。

1832 年，年輕的林肯召集一群人投入黑鷹戰役。在當時，能召聚一群自願軍來做國民兵的，自然會被授予官階。因此，林肯就得了陸軍上尉官銜。

當林肯被授予官銜時，林肯感覺自己遇到大麻煩了，陸軍上尉是要帶兵打仗，可自己根本就不知道如何帶兵，也沒有受過軍事訓練，更不懂得何謂戰術，甚至連最簡單的操兵步驟也不熟悉。

有一天他帶著二三十人在野外行軍，需要指揮他們穿過一道門，很簡單的事，但他卻手足無措，不知如何是好。後來他回憶這段軼事時說道：「我活了這輩子竟然不知道如何下口令才

能讓橫走的隊伍轉為單行的隊伍。最後大家快接近大門時，我才高聲喊道：『隊伍解散兩分鐘，然後到門對面的另一邊重新集合。』」

1.領導力本身來自於正確的決策，比如我們常說的一句俗話：只顧低頭拉車、不顧抬頭看路。拉車可以埋頭苦幹，但對於領導人來說，埋頭苦幹不行，只顧抬頭看路也不行，只有系統思考、綜合考察，為團隊的發展出謀劃策才是正確的。團隊發展方向由領導的決策，如何決策呢？領導要善於思考、善於學習，只有正確的學習、正確的思考，才能為他正確的決策提供更好的依據。

2.一個團隊要做好不能光靠一個人是靠整個團隊。臺灣的經營之神王永慶，日本的經營之神松下幸之助，兩位經營之神如果沒有了團隊，臺灣便沒有台塑集團，日本便沒有了松下王國。

為什麼談領導力，因為一個企業主要看領導者本人，看他的決策力，他的規劃能力，他的企業未來一年、兩年、三年、五年、十年是什麼，要達成這個目標，我們要做什麼。

用人在企業經營管理當中很重要，假如你用錯人，輕則損失你的財富，經濟上的損失，重則讓這個團隊倒掉了，換言之企業用對一個人，總裁用對一個總經理，或者總經理用對一個部門經理他就很省心，這個人就會獨當一面，用對人是企業做大、做強的關鍵。

王永慶說過兩句話給我印象非常深刻，第一句話是「企業

的管理首重人事管理」，第二句是「不斷開發新產品給老顧客」，今天我們的主題也是這兩部分，第一個選好人，用好人；第二個搞好行銷，把產品做好，把產品賣好，人做好了，顧客很穩定，人很穩定，不斷採取大量的行銷，行銷是可以賺大錢的。

　　王永慶所說的兩句話不管對那個行業都是適用的。

　　一個企業的大小不同，管理模式也會不一樣，特別是中小企業。但管理會有一個共同點，也是一個基礎，那就是注重用人。用人裏面有一個環節，中小企業首重是選人，進行兩選，一個是認真地選擇員工，第二個是認真地選擇顧客，比如說企業本來不是很大，企業不大的時候要持續做強做大，要有很好的企業文化，首先你這個團隊前期的骨幹和基礎要打得很牢，先要把人給選好。

第二節　帶著你的團隊登山

　　在一個採訪節目場景，主持人在採訪一位攀登珠穆朗瑪峰的登山隊隊長，這個登山隊遭遇了一次大風暴，大約有七八個隊員在風暴中喪生，那是一個令人心情沉重的悲劇。主持人和這位攀登珠穆朗瑪峰的登山隊隊長談話時，他們在一起回顧了那令人傷心、不堪回首的事件。

　　主持人說，「首先，讓我問你一個問題，如果你不需要帶其他人，只是你們幾個最有經驗的登山隊員，你們是否可以在

那次風暴中生存下來呢？」

　　登山隊長堅定地說：「毫無疑問，如果我們沒有帶其他人，我們可以全部生還。」換句話說，正是他們帶了其他登山隊員，結果他們失敗了。

　　登山隊長說：「把人們帶上山頂，是我們登山隊長的工作。換句話說，這就是我的工作，我不是純粹爲了登上山頂而登山的，我登山是爲了帶著那些只靠自己的力量不能登上更高的地方的人一起去。」

　　這是關於團隊領導人的一個很好的描述。這就是我們要做的事情，正是因爲我們還帶著其他的人，才使旅程變得慢了。

　　思想家愛默生說：「如果你自己走，你一大早就可以到達了，但如果你帶著其他人和你一起走，你就必須等他們。」因此，把人們帶到更高水準的過程會慢一點，因爲你是一個領導人，你是一個登山隊長。

　　採訪將近結束的時候，主持人看著登山隊長說：「哦，你們的工作實在太危險了。你們要面對險峻的高山，要面對惡劣的天氣，看著你們這些登山者，很多次，我都問自己『你們為什麼冒著生命危險登到山頂呢？』」

　　登山隊長看著主持人，那鋼鐵般的眼神，充滿著信心和能量，他說：「先生，顯然，你沒有到過山頂，因為如果你到過山頂，看到我所看到的，感受到我所感受到的，知道我所知道的，完成我所完成的，你就永遠不會問這個問題了。因為我所到過的地方，我所看到的景色是值得冒險的。」

多麼哲理深邃、意義深遠的話語呀！去登山吧，一直登到山頂上，同時把團隊成員帶上，因為當你把他們帶到山頂時，你們手拉著手一起欣賞頂峰的絕妙景色，人們會看著你，對你這位領導人說，謝謝你，因為我自己是永遠不能單獨到達這裏的。而你，作為領導人，你看著他們，你說，謝謝你們，這次旅程的快樂正在於我們一起登上了山頂。

是的，一起登上山頂，讓團隊看看山上的雲蒸霞蔚，看看延綿起伏的壯美河山。事實上，在和你的團隊登山的過程中，因為有了團隊，你不會感到寂寞；因為有了團隊，你不會感到恐懼。在山頂，因為有團隊，你不會有高處不勝寒之感；因為有了團隊，你不會有了喜樂或成就沒有人與你分享。

第三節　做一個有勇氣的團隊領導人

拉裏・奧斯本曾提出這樣的觀察：「高效率的領袖之間存在著一個令人驚異的特點，就是他們的看法很少有相同的時候，一個人深信不疑的事，另一個人卻深切警惕。」一個優秀的團隊，從建立初期的舉步艱難到成立中期的搖擺動盪，到成立後期的基本穩定，會經歷很多的困難、挫折、障礙。如果沒有一個堅定不移、誓不甘休的領導人是很難成功的。一個優秀團隊的打造，會經歷很多次的衝鋒陷陣，會遇到很多的四面楚歌。如果沒有一個勇敢的領導人在前身先士卒，帶頭作戰，鼓舞士

氣，那麼這個團隊便難以成功，優秀的團隊領導人有一個共同特徵——願意冒險。

　　在美國某大學，有位留學生，在美國學習時間，他曾交了一位美國女朋友，也是他的同學，一天夜裏，很晚了，街上已沒有什麼人了。他和美國女朋友並肩而行，過馬路時，正好是紅燈，留學生男孩認為已是晚上，街上反正沒有車，沒有人，闖紅燈沒關係，於是他快步走過紅燈，可他女朋友一定要等綠燈亮了才走。第二天，這位美國女朋友和他分手了，原因是，一個連紅燈都敢闖的男人還有什麼事幹不出來，太可怕了。

　　一年後，這位留學生又交了一位女朋友，但這個女朋友是華人。同樣的情況，很晚了，街上也沒有車和行人，同樣在過馬路時，正好也是紅燈，那位留學生吸取了上次的教訓。紅燈沒走，等綠燈亮了才走，可他的女朋友早闖紅燈走了。第二天，這位女朋友宣佈一件讓留學生吃驚的決定，她要和這位留學生男孩分手，原因是，這麼晚了，街上也沒有車和行人，為什麼不敢走紅燈。連個紅燈都不敢闖，以後還敢做什麼，這樣的男人太沒有安全感了。

　　造成行為的不一樣，當然跟社會文化有所影響，同樣一種情況，文化理念的不同，造就了不同的結果。
　　當你面對艱難抉擇的考驗時，請記住以下幾點，對你或許有幫助。

1.勇氣始於內心的爭戰

擔任領袖所面對的每一場考驗都由內心開始。一個內心沒有力量的人，他的聲音表現出低沉軟弱，他的動作表現出緩慢柔軟。一個人的勇氣來源於內心能量，勇氣的考驗也是如此。心理治療師謝爾登‧卡普這麼說：「所有最具震撼力的戰役，都是在內心開打的。」

但是勇敢不等於沒有恐懼，勇敢是去做你原本懼怕的事。我們常說的一句話，打破恐懼最好的方式就是馬上行動，只有行動才能給予恐懼以毀滅性打擊。勇敢的精神就是放下所熟悉的事情，前進到嶄新的未經之地。

2.勇氣追求真理，而不是表面太平

美國黑人民權運動領袖馬丁‧路德‧金宣稱：「對一個男人的終極考驗，不是在安舒和混亂的環境中。」偉大的領袖具備良好的人際技巧，他們可以使人協調緩衝，並且一起奮鬥；但是在必要之時，他們堅定立場，絕不妥協。

果敢所發揮的原則，不是一己之見。如果你不能判斷何時當挺胸站穩，堅持信念，就永遠不能成為一位果敢的領袖。你對潛能的開發努力，必須強過安撫人心的慾望。

3.勇氣能夠激發員工全力以赴緊密相隨

「勇氣是有感染力的」。著名佈道家比利‧格拉哈姆說：「如果一個勇者能夠站穩立場，那麼，其他人的腰骨都會隨著挺直起來。」只要有人能夠展現出勇敢的氣勢，那麼四週的人都會受到鼓勵；然而一位領袖所展現的勇氣，更能使其他人都受到振奮。領袖的果敢使人樂於追隨他，領導能力就是勇敢展現，

它鞭策人們去做正確的事情。

4.生命的寬廣與勇氣成正比

恐懼使一個領袖自我設限。一位羅馬史學家如此寫道：「求安全感的心是每個偉大計劃的絆腳石。」勇敢的心恰恰相反，它使機會之門打開，這也是它的品質之一。或許這就是爲什麼英國神學家約翰・紐曼說：「不要害怕有一天你的生命將要終結，而要懼怕它從未開始過。」勇氣不僅帶給你好的開始，也帶給你美好的未來。

只有我們稍微用心留意一下，我們就會發現，一個沒有膽量冒險的人和敢於冒險的人所經歷的恐懼是一樣的多。不是說敢於冒險的人面臨的風險大，沒有膽量冒險的人就風險小。唯一的不同是，那些不願冒險的人擔心的是瑣碎的事。如果你橫豎要和恐懼搏鬥，那麼，何不讓這場戰鬥打得更轟轟烈烈，打得更有價值呢？

心得欄 _____

_____

_____

_____

_____

第四節　伸手之前，先感動他

卓有成效的團隊領導人知道，在你要向別人伸手需要支援之前，得先感動他們的心，這就是親和力法則。所有偉大的演說家都知道這個道理，而且幾乎是本能地表現出來。除非你先感動人心，否則無法叫人付諸行動。先爭取人心，人心不歸，關係密，關係不密，大事難成。

親和力的重要不僅見之於領袖對群眾的演說中，就算在日常的人際關係中，它也不可或缺。當彼此間有了更強的人際關係與親和感，跟隨者就願意幫助他的領袖。

與人親善的秘訣在於認識到：即使在一個團體裏，你也必須把人當成個體看待。斯瓦茨科普夫將軍曾說：「能幹的領袖站在一排士兵面前，他們所看到的就是一排士兵。但偉大的領袖站在一排士兵面前，看到的是 44 個個體，他們每一個人都有抱負，都想好好活下去，都想要有所作為。」這段話實在經典至極。公司所有員工不僅僅是一個個體那麼簡單，而是將相之才，都是未來的成功人士，當然也是團隊的支柱。當這樣想的時候，領導者對團隊就表現出不一樣的言行。

北風和南風比威力，看誰能把行人身上的大衣脫掉。北風首先吹來了一股刺骨的冷風，結果行人為了抵禦北風的侵襲，

便把大衣裹得緊緊的。南風則徐徐吹動，頓時風和日麗，行人因為覺得春暖上身，始而解開紐扣，繼而脫掉大衣，南風獲得了勝利。

　　這則寓言形象地說明了一個道理：溫暖勝於嚴寒。給人壓力不如給人感動。領導者在管理中運用「南風」法則，就是要尊重和關心下屬，以下屬為本，多點「人情味」，盡力解決下屬日常生活中的實際困難，使下屬真正感受到領導者給予的溫暖，做一個令員工感動的領導人，這樣就可以更好地激發員工積極工作。

　　回憶第一次世界大戰那段歷史，我們眼前浮現幾個戰爭英雄，幾個戰爭罪人。下面的這位戰爭英雄就是法國的麥克亞瑟將軍，麥克亞瑟將軍大有王者風範。麥克亞瑟將軍在一次英勇的突擊戰之前，告訴一個營長說：「少校，一旦發出向山上進攻的信號時，我要你作前鋒，這樣，所有士兵就會跟上去。」隨後，麥克亞瑟將軍從自己胸口取下那枚顯赫的十字勳章，親手別在少校的制服上。這位少校感受到了麥克亞瑟將軍的溫暖和殷殷期盼，全身熱血沸騰，熱淚盈眶，發誓要一馬當先，視死如歸，不辱使命。麥克亞瑟將軍在叫少校執行英勇任務前，他已經先獎以英雄勳章。隨後，少校拼命帶著士兵攻到山頂，完成了任務。

　　在法國，只是不同的時代，還有一位赫赫有名的將軍，拿破崙。據說拿破崙常常練習認識人，記住人的能力，以便認識每一位軍官，並記得他們來自何方，以及在那個戰役中，曾一

起勇敢作戰。拿破崙常在主要戰役前夕，爲了鼓舞士氣，他會親自前往營地去探視士兵，爲此他經常徹夜不眠，但你第二天看到的拿破崙依然是那樣精神飽滿，那樣有氣質。

　　唯有當一個領袖苦心經營、與人親和，才會帶出人們這樣熱情的反應。人非草木，孰能無情，你對任何事物傾注感情，都會有不一樣的反應。你對花草傾注感情，花草長得更茂盛，花開得更鮮豔；你對水傾注感情，據說水的分子結構都會發生改變；自然，你對人傾注感情，人的心態和情緒狀態都會有所改觀。

　　有一句古老的諺語說：「帶領自己用頭腦就足夠了；帶領他人，要用心才行。」是的，任何一個人都是一個生命的個體，都有自己的價值觀和人生觀，都有自己的思想，你想要這個人配合你的想法甚至與你有一樣的言行，一樣的心態，一樣的價值取向，你用頭腦是不行的，用頭腦去領導或許會有很多好的方法或策略，但用心的力量才是最大的。

　　有安全感的領袖才能夠奉獻一切。馬克‧吐溫曾經這樣說過，當你不計較功勞時，就能成就大事。我們可以更進。一步說：唯有當你願意把功勞歸屬別人時，才會成就真正偉大的事業，這是授權法則的實踐。

第五節 榜樣的力量

管理一支團隊，首先領導要以身作則，自我完善，別人才服你。團隊管理者作爲團隊的掌舵人和領頭雁，應該以身作則，率先垂範，處處做群眾的楷模。要求職工做到自己首先要做到，禁止別人違紀的自己決不違犯，自覺把自己置於職工群眾的監督中。

1946 年，日本戰敗後，松下電器公司面臨極大困境，幾乎陷入絕境。爲了渡過難關，松下幸之助要求全體員工振作精神，再展雄風。爲此公司制定了一系列規章制度，其中最重要的一條就是不遲到，不早退，不請假。這一規章制度是針對全體員工的，松下本人也不例外。

然而有一次，松下本人卻遲到了 10 分鐘。松下遲到有些客觀原因，本來，他上班是由公司的汽車來接的。那天，他早早起來，趕往車站等車，可是左等右等，車總是不來。看時間差不多了。他只好乘上電車；剛上電車，就看見接他的汽車來了，他又從電車上下來換乘汽車。如此折騰，到公司的時候一看錶，一拍大腿，糟了，遲到了 10 分鐘！

按照規定，遲到要批評、處罰。松下認爲必須嚴厲處理此事。

首先以不忠於職守的理由，給司機以減薪的處分。因爲司

機睡過了頭。晚接了 10 分鐘，其直接上司也因監督不力受到處分。

松下認為對此事負最大責任的人是自己，於是對自己實行了最重的處罰，退還了全月的薪金。

僅僅遲到 10 分鐘，就處理了這麼多人，連自己也不饒過，這件事深刻地教育了松下電器公司的員工，在日本企業界也引起了很大震動。從那以後，公司再沒有人遲到過。

好的管理者會在公司樹立幾個標杆，樹立幾個榜樣、幾個優秀的人，這些人的業績比較好、善於溝通。除了宣揚榜樣的優秀外，還要號召大家向榜樣學習，榜樣也對團隊其他成員言傳身教。

打造你的成功團隊 培訓遊戲

遊戲名稱：人員大塞車

主旨：

遇事積極，善於動腦筋，創新性地思考問題，往往在解決複雜問題時，能有事半功倍的效果。

◎ **遊戲開始**

時間：30 分鐘

人數(形式)：30 人(10 人一組)

場地：空地或教室

◎ **遊戲步驟：**

1.用粉筆在地上畫十一個成一條直線的方格，每個方格

的大小以能站一人爲標準。

2.其中五個學員站在左邊的五個方格上，餘下的五個站在右邊的五個方格上。

3.所有學員都面對中間空置的方格。

4.要求小組以最少的步伐及最短的時間把左右兩方的成員對調。

◎討論：

1.你的方法是怎樣想出來的？

2.在開始操作前，是否每位學員都清楚團隊解決問題方法。

3.請列出團隊解決問題的方法及步驟。

◎績效評估：

1.重點提示：在第一隊的一個隊員跨出一步後，第二隊應有兩人連續向前走(前一位跨步走，後一位向前一步即可)，接著第一隊有三人連續走動(前兩位是跨步走，後一位向前一步即可)，第二隊有四人連續走動(前三位是跨步走，後一位向前一步即可)，第一隊有五人連續走動(前四位跨步走，後一位向前一步即可)，第一隊接著有五人連續走動(前四位跨步走，後一位向前一步即可，第二隊有四人走，每一隊有三人走，這樣走下去即可。

2.團隊成員要動動腦了，若新方案千呼萬喚不出來，那只好先在一邊試著走一走了，仔細分析總結，調整隊式，正式出發。

3.扮演好團隊角色，合作再合作。

4.特別注意事項：

(1)每次只可一人移動。

(2)所有學員只可前進，不可後退。

(3)前進時只可向前行一步或跨一步。

4.每方格只可容納一人。

5.學員可作多次嘗試，以提高效率。

心得欄 ------------------------------------

第 *7* 章

成功團隊的執行力

　　沒有執行，任何好的決策或目標都不可能成功，要做到完美的執行力，就要把握好執行的高度、力度和速度。

　　為了適應未來的競爭環境，企業需要具有卓越執行力的團隊。企業「執行力」強，企業領導人的意圖和戰略才會得到貫徹和實現。

案例研究

　　廣闊無垠的曠野上，一群狼踏著厚厚的積雪尋找獵物。它們最常用的一種行進方法是單列行進，一匹挨一匹。作為開路先鋒，領頭的狼在鬆軟的雪地上率先衝開一條小路，以便讓後邊的狼保存體力。領頭狼體力消耗最大，當它走累了時，便會閃到一邊，讓緊跟在身後的那匹狼接替它的位置。這樣它就可以跟在隊尾，輕鬆一下，養精蓄銳，迎接新的挑戰。

　　在一對領頭狼夫婦的帶領下，狼群中每一匹狼都要為了群體的幸福承擔一份責任。比如，在母頭狼產下一窩幼崽後，通常會有一位「狼叔叔」擔當起「總保姆」的工作，這樣母頭狼就可以暫時擺脫保護責任，和公頭狼去進行「蜜月狩獵」。狼群中每個成員都不希望做固定的獵手、保姆或哨兵——不過，每一匹狼都在扮演著至關重要的角色。

　　狼不僅與同類密切合作，還可以與其他種類的生物和睦相處。這樣做的目的是為了達到雙方合意的目標。

　　狼與烏鴉組合就是一個好的團隊。烏鴉富有空間觀察的經驗，當它發現一個受傷或死掉的獵物時，它會迅速以它特有的方式發佈資訊，把狼和其他烏鴉叫到現場。狼可以撕開獵物的屍體，烏鴉也可趁機美食一番，飽吃一頓。在狼與烏鴉的團隊裏，除了有合作外，更有娛樂，更有嬉戲玩耍。狼有時會鬧著玩的撲向狡猾的烏鴉，烏鴉則會在狼進食的時候啄它的屁股。

兩種動物不僅能和平相處，而且很顯然它們之間存在著依據大自然的效率法則和數千年的經驗逐漸形成的錯綜複雜的合作關係。

狼與狼之間可以組建團隊，配合默契，狼與其他生物，比如烏鴉也可以組建團隊，配合默契，其實許多物種都可以組建團隊，配合默契，讓大自然永遠美好，讓人類永遠和諧共榮。

在一個團隊裏，總有人抱怨說，我跟某某人不來電，我跟某某人說不到一起，我跟某某人溝通難。但當他看完上面幾則有關狼的故事後，他的這種想法可能就會有所改變。狼與烏鴉都可以溝通、配合、合作，我們還有什麼不可能，還有什麼障礙與我們的夥伴溝通、配合、合作呢？事實上，天下沒有不可溝通之人，只有不會溝通的人。當我們放開自己，讓別人走進來，溝通之門就打開了，合作之門就打開了。當我們改變自己，讓自己多配合一下對方，溝通之門就更順暢，合作之門就更順暢了。

放眼大自然，放眼蒼茫大世界，凡事皆可為師，凡事都可給人以啟示。今天我們學到了狼的團隊精神。

第一節　團隊執行力的標準

執行力不足具體表現在以下三個「度」上：①高度，企業的決策方案在執行的過程當中，標準漸漸降低、甚至完全走樣，越到後面離原定的標準越遠；②速度，企業的計劃在執行過程當中，經常延誤，有些工作甚至不了了之，嚴重影響了計劃的執行速度；③力度，企業制定的一些政策在執行過程中，力度越來越小，許多工作做得虎頭蛇尾，沒有成效。這些表現，對一個現代企業來說，都具有極大的危害，是企業管理中決不允許出現的。

要做到完美之行，就要把握好執行的高度、力度和速度。

一、保持執行高度——嚴格執行

美國管理學者湯瑪斯說：「一個合格的戰略，如果沒有有效地實施，會導致整個戰略的失敗。但有效的實施不僅可以保證一個適合的戰略成功，而且還可以挽救一個不適合的戰略，或者減少他對企業的損失。」縱觀國外成功企業，無一不是對企業戰略決策和規定軍令如山、絕不動搖、毫不改變地執行。

中國的第一座百貨大樓，王府井百貨大樓有太多的榮譽。但是在市場競爭日益激烈的今天，它已經逐漸失去了「中國第

一店」的風采。王府井百貨公司為了重振「中國第一店」的風采，1996 年邀請了著名的諮詢公司麥肯錫為其設計集團的主業連鎖經營方案。同年，請安達信公司開發了電腦管理資訊系統。1997 年，麥肯錫又為其進行了市場營銷和廣告總體策劃。但是，這所有的一切都只是落在了紙上，沒有落到實處。耗資 500 萬請麥肯錫做的戰略規劃方案沒有最終貫徹下去。說與做的背離，使得王府井百貨公司失去了在市場上重塑第一店的機會。

可以說，執行是連接組織戰略與目標實現的橋樑，缺少強大的執行力，組織的戰略目標將是無本之木，無之水源。企業的不成功並不是缺乏制度，也不是缺乏發展戰略，不是缺乏資金，不是缺乏產品，而是缺乏持之以恆的執行力。

戰略決定方向，執行決定成敗。能否把既定的戰略執行到位是企業成敗的關鍵。戰略是什麼，戰略就是一種持之以恆的承諾，一定要持之以恆，一定要堅韌不拔，認準了就要堅決去幹，決定的事就必須堅定不移地推進，不到黃河不死心，不上泰山不回頭。

只有這樣，執行才能到位，貫徹才能到底，企業才能成功。

二、保證執行力度──將執行進行到底

執行在於一以貫之，貴在堅持，常抓不懈，貫徹到底，在執行過程中，遇見一個困難解決一個困難，堅定決心，堅持不懈地做下去，最終總能達到目的地。

在美國內戰中，林肯總統花費三年時間尋找一位能一統南北的將軍。

林肯的條件是：這個人勇於行動，敢於負責，而且善於完成任務。用今天的話來說，就是尋找一位有「執行力」的人。到那裏去找這麼一個人呢？

林肯在後來的回憶中說道：那些年是我一生最困難的時刻。戰爭已經爆發，國家處於動亂之中，戰火焚燒了老百姓的房舍。政客們為了各自的利益每天都爭吵不休。而戰局對聯邦一點兒也不利。我常常在想：為什麼這麼大的一個美利堅合眾國，擁有像西點軍校這樣的全世界最著名的軍事學府，為什麼就找不到一個可以獨當一面的人？慶倖的是格蘭特適時出現了。他真是一個不錯的傢伙。你把任務交給他，嘿，你從來不用再去費神，他一定鬥志昂揚地告訴你：沒問題。然後，他就把勝利的捷報傳回來。

為什麼我們沒有格蘭特幹得好？

為什麼許多人看上去比格蘭特優秀，但事實卻證明格蘭特是最優秀的呢？

曾經以這樣的問題問過無數的士兵。他們的回答是：「因為格蘭特是個將軍。」

也曾經問過公司裏的職員、政府裏的工作人員，他們都眾口一詞地說道：「格蘭特？就是那個傢伙？我可學不來。你瞧，我是一個勤勞、忠誠、任勞任怨的人，也照樣能把事情做好，不比格蘭特差。」

在這個世界上，勇敢、正直、勤勞、守信的人太多了。他們基本上是我們這個星球有人類以來最堅忍的一群，他們勞動在陽光之下、暴雨和風雪之中，他們在稻田裏耕種、在甲板上起錨、在工廠裏開動機器，他們創造了我們這個社會的物質財富。他們是受人尊敬的一群人。

當然，還有這樣一群人，他們可以算作我們人類的領袖，他們是總統、議員、將軍、長官、銀行家或者商業集團的擁有者、公司的決策者。他們身爲領導者，他們像勤勞一族的人們一樣勤勞，奔波在機關、軍隊、各種社會機構和商業單位之間。他們擁有了權力和財富，可是他們總是覺得有做不完的事、談不完的話、打不完的仗和賺不完的錢。

他們總是抱怨：他們無法使事情做得看上去好極了，他們無法使事情盡善盡美。他們還抱怨說，他們一生都在尋找這樣的一個人，或者一群人，他們不僅會很主動地去完成一件事，而且會極盡完美地完成一件事，他們總會在執行的過程出人意外地把任務完成得格外好，好到你會爲他拍案叫絕。

時代在繼續向前發展，每一個人都有展現自己舞臺的機會。爲什麼有的人能當總統，有的人卻不能？爲什麼有的人是有錢人，有的人卻一貧如洗？爲什麼有的人幹什麼成什麼，有的人卻一生一事無成？像格蘭特那樣，把事情幹到最好，你就有機會成爲最成功的人。

這個世界已經與你以前所認識的世界完全不一樣。以前，當你在渾渾噩噩時，別人可能在發奮圖強。今天，當你在奮鬥，別人也照樣在奮鬥；當你在學習，別人也照樣在學習。命運不

再垂青那些僅僅懂得基本生存技能的人們，而是垂青那些像格蘭特一樣工作的人，主動執行的人，善於完成任務的人。

　　這個世界的機會是留給這些人的，他們懂得完成任務的技巧和藝術，他們不僅知道要完成任務，還知道怎樣完成任務，怎樣把事情做得最好。

　　讓我們像格蘭特那樣去執行，去把事情做得最好！

三、注重執行速度──速度要快

　　「大魚吃小魚」以往被視為常理，可是在資訊社會的市場競爭中，有時不論大小而論快慢，「快魚吃慢魚」的事時有發生。有人曾形容說，美國人第一天宣佈某項新發明，第二天投入生產，第三天日本人就把該項發明的產品投入了市場。加拿大將楓葉定為國旗的決議在議會通過的第三天，日本廠商趕制的楓葉小國旗及帶有楓葉標誌的玩具就出現在加拿大市場，行銷火爆。作為「近水樓臺」的加拿大廠商則坐失良機。人們把市場競爭中這種「不快即死」的現象稱為「快魚法則」。

　　現代社會一切競爭都圍繞著速度，與速度密切相關。誰抓住了速度，誰就走在了時代的前頭，抓住了未來。因此思科 CEO 錢伯斯認為：新經濟時代，不是大魚吃小魚，而是快的吃慢的。衡量執行力需要速度，這也是個非常重要的環節。執行力歸根到底就是一個速度問題，一件事讓一家公司做要花七天時間，但是另外一家公司卻需要花一個月才可以把這個事做好，之間的差別是什麼？所謂的效率的問題，其實就是速度的問題。怎

樣才能有更好的執行，速度才是最重要的。

1992 年秋，誘人的糖炒栗子滿城飄香。某晚，酒足飯飽後，械廠朱廠長逛街去了，拐出延安東路就是熱鬧非凡的大世界，一家食品店門口排長隊買糖炒栗子的人們引起了朱職業性的反應。

朱開始仔細地觀察，他發現急於嘗鮮的人買了糖炒栗子後，都急猴似的咬著、剝著吃，而常常又把栗子內核弄得四分五裂，嘴邊一副狼狽相。

「能不能搞個剝栗器？」在大腦裏啟動了。他迅速畫出了剝栗器的草圖，材料用鍍鋅鐵皮，成本每只 0.15 元，出廠價 0.30 元……10 分鐘後，朱推開了商店主管室的大門。主管認為：這是一項發明，顧客肯定歡迎，不過，上市要越早越好，兩個月夠不夠？朱笑了：兩個月？我一個星期後就送上門。

當晚，傳真將剝栗器草圖傳回工廠，一副模具兩個小時就出來了，衝床開始運轉。3 天後，一卡車剝栗器湧進了這個城市，大大小小商店門口的糖炒栗子攤主成了朱的經銷商。

朱廠長看到剝板栗有困難，就在別人都還沒有發現這一商機之前，搶先、立即用最快的速度去解決人們的困難。可以說，這個朱廠長是一個快速有效的執行者。

執行力要求快速行動、簡潔明快。因為我們戰鬥在變化最快的社會裏，速度已經起主導作用了，速度就是一切，快慢決定成敗。

在快速變化的市場環境下，企業的執行力已成爲企業的核心競爭力。在某種程度上說：關鍵不在於你做什麼，而在於你如何做！如何儘快地做好！

第二節　如何提升團隊執行力

爲了適應未來的競爭環境，企業需要培養具有卓越執行力的團隊。只有這樣，企業的「執行力」才會增強，企業領導人的意圖和既定戰略才會得到貫徹和實現。

一、把握執行力管理的原則

企業管理過程中，執行是非常重要的一個環節。沒有執行，任何好的決策或目標都不可能成功，企業的發展也不過是海市蜃樓、曇花一現。執行力是執行人和制度之間一個融合的過程，沒有制度保證的執行力是很難實現的。同樣，沒有執行人去保證的執行，也不過是句空話。要加強管理團隊執行力，應該遵循以下基本原則：

1. **企業已決定的事情，任何人都不得以任何理由提出異議**

企業運作永遠都是團隊的運作，不是那個人的運作，任何決策都必須堅持。其實對於決策運用，實際操作永遠比理論更重要，團隊只有具有了統一的目標，其執行才有可能。任何一

個決策本身就具有優勢和劣勢，所以其選擇本身就存在變數，企業為該決策負責，所剩下的就不是討論該不該做，而是如何做好。

2.企業有明確規定的，必須堅決執行

任何企業都存在大量的流程和管理規定等，但在實際工作中，真正能夠操作起來的並不多。有些人總是以這樣或那樣的理由不遵守規章制度，這是企業執行不利最關鍵的原因。

規章制度是企業的「內部憲法」，必須遵守，否則就應該付出代價。企業的某種行為或約束可能存在這樣或那樣的問題，但這些都不能作為不執行的藉口。所以許多偉大企業的做法是：做事情之前，先看是否有相應的規章制度。如果有，不會給出任何藉口，嚴格依照制度執行。如果對制度不滿意，可以用另外的途徑反映，但是事情必須要先做。

3.企業沒有明確規定的，必須堅持先做事情後彙報

如果企業沒有相應的規定，大家首先應對該事情進行解決，在解決問題的同時，反映上去。由相關部門對該事情進行分析，如果是以後還可能發生的事情，就組織相關人員將該事情制度化；如果是一次性的事情，則可以按特例處理。

4.企業執行力必須堅持以結果為導向

執行力多是一種過程。但是對於企業來說，是只相信功勞而不相信苦勞的，因此，偉大企業的執行力是以結果為導向的，根據執行力結果的不同給出相應的獎勵或處罰。執行人對任務負有全責，同樣也對任務的結果負有全責。

二、轉變觀念，提升管理團隊執行力

「執行力」是否到位既反映了企業的整體素質，也反映出管理者的角色定位。管理者的角色不僅僅是制定策略和下達命令，更重要的是管理者必須具備執行力，同時還能帶動下屬提高整個團隊的執行力，爲提升管理團隊執行力，需有以下觀點：

1. 執行力的關鍵在於中層管理者

談到執行力，很多管理人員都認爲是員工的事情，因此很多企業一談到執行力疲軟就把責任推到中層或基層員工的身上，其實這是非常錯誤的認識。企業的執行能力不僅僅體現在普通的員工身上，它始終貫穿在高層、中層和基層的三個層面上，而且管理層的作用更爲關鍵。世界組織行爲學大師、領導力大師保羅‧赫塞博士(Dr Paul Hersey)曾經說過：成功企業的經驗和研究結論表明，「執行力」問題就是「領導力」問題！因此凡屬執行力高的企業，管理層首先要有執行力。

中層管理者是企業的中層執行者。如果把企業比做人，老闆就是腦袋，負責思考企業的方向和戰略；中層是脊樑，去協助大腦傳達和執行命令到四肢——基層。可以說，中層就是老闆的「替身」，也就是支持大腦的「脊樑」。作爲中層執行者，一旦週圍同仁和領導從中層身上感受到了堅定的力量，他們必然會信任中層，中層的態度必然會影響到他人的態度；反之，如果中層被畏難情緒所左右，連正常的能力都發揮不出來，那麼執行過程的「腰」就軟了。同時，中層管理者必須是團隊成

員和教練，必須能夠激勵、讚美別人，必須是充電器，而不是耗電器。因此，一個優秀的中層必須具備以下執行能力：

- 領悟能力，要先弄清上司希望你做什麼，然後以此為目標來把握做事的方向和方法；
- 指揮能力，工作的分配、協調、臨場發揮，指揮的方法與語氣，激發鬥志和引導前進的能力等；
- 協調能力；
- 判斷能力；
- 創新能力。

2.管理者需要一手抓策略，一手抓執行力

再好的策略也只有成功執行後才能夠顯示出其價值。因此，作為管理者必須既要重視策略又要重視執行力，做到一手抓策略，一手抓執行力，兩手都要硬！策略和執行力對於企業的成功來說，缺一不可，二者是辯證統一的關係。策略是企業未來發展的指南，由策略再去導出各式各樣的執行方案。管理者不應將執行力和策略割裂，把它們看成完全對立的部分。一方面，管理者制定策略時應該考慮這是否是一個能夠切實得到「執行」的策略，無法執行的策略形成以後只能束之高閣，沒有什麼實際的價值。另一方面，管理者需要用策略的眼光詮釋「執行」，也就是說不要陷入「執行」的泥潭，執行是需要策略來指導的。因此管理者在制定策略的時候必須考慮執行力問題。好的策略應該是與企業的執行能力匹配的。

3.管理者應重視培養下屬的執行力

我們說管理者是策略執行最重要的主體，並非說管理者大

凡小事務必躬親，管理者角色觀念變革很重要一點就是在重視自身執行能力加強的同時，作為管理者必須重視對部署執行力的培養。執行力的提升應該是整個企業範圍內的事情，而不只是少數管理者的專利。但管理者在其中所起的作用非常巨大，他就像一個火車頭，有意識地對企業進行引導，從而使「執行」成為一個企業的核心元素。管理者如何提升個人執行力並培養部屬執行力，是企業總體執行力提升的關鍵。

4. 管理者重點在於營造企業執行力文化

執行力的關鍵在於透過企業文化影響企業所有員工的行為，因此管理者角色很重要的定位就在於營造企業執行力文化。企業是由不同的部門和員工所構成，所以，不同的個體在思考、行動時難免會產生差異。如何盡可能使不同的「分力」最終成為一股推動企業前進的「合力」，只有依靠企業文化，「執行」也不例外。

心得欄

第三節　要激發下屬的高超執行力

相信很多人都看過《沒有任何藉口》這本書。在美國西點軍校裏有一個廣爲傳誦的悠久傳統，就是遇到長官問話，只有四種回答，其中一個就是:「報告長官，沒有任何藉口」。「沒有任何藉口」是西點軍校奉行的最重要的行爲準則，這個準則成爲西點軍校造就無數成功人士的秘訣。「沒有任何藉口」其實說的就是無堅不摧的執行力。

執行力與工作能力有關，這是一個客觀層面的問題。執行力需要一定的能力、方法和手段。同時，執行力更與工作態度有關，這是一個主觀意識的問題，「態度決定一切」。如果說工作能力是執行力的基礎，那麼工作態度就是執行力的條件。所以要提高下屬執行力，要從這兩點上下功夫，具體來說有以下幾個策略:

一、清晰下達指令，明確下屬目標

下屬只有知道了他該做什麼才能夠把事情做好，因此提高下屬執行力首先就要給下屬明確的任務和指令。明確下屬的工作目標:說起來很簡單，但是在現實的管理工作中很多的管理人員並不能夠做到這一點，他們在給下屬佈置工作時只是簡單

地說：某某某，你去把這件事情搞定。好了，下屬去做了，但是在他們心目中對任務的理解和管理者對任務的理解可能是完全不一樣的。打個比方，就像我們在平時聊天的時候會討論買房子，領導說他的夢想就是買一個豪宅，這時候下屬的腦海裏面就會浮現出一套四房兩廳複式結構公寓的樣子，而其實領導心目中的豪宅卻是獨立別墅帶至少 300 平方米的花園，同樣是豪宅，大家的理解就是完全不同的。一樣的道理，管理者在佈置任務時，一定要明確指示所期望達到的結果和所期望完成的時間，並與下屬驗證大家的理解是否一致，只有做到這一點，執行力才有可能實現，否則，下屬對執行的內容和你的理解都不同，你當然會對他們的執行力不滿了。

二、督促下屬制定工作計劃

目標清楚了，下屬去做了，並不是所有的下屬都有著你所期望的積極主動，認真負責的工作態度，所以你也不能夠完全置之不理。行之有效的方法是你要求每個人都提供工作計劃，也就是從開始到完成任務的實施路徑。在工作計劃中，員工需要明確地說明他在那天需要完成什麼工作，在什麼時間會有階段性或突破性的工作成果。記住，工作計劃的制定應該是由你的下屬來完成的，而不是管理者幫助下屬來制定的，這樣，你的下屬不管態度如何，總會開始思考該怎麼完成這個工作，並開始不知不覺地將一些重要的時間點和相應需要達成的階段性結果放在腦子裏面了。而作為管理者，你也會很清楚在什麼時

間你會得到什麼階段性成果，不至於全部依賴於下屬的自覺性。

三、及時檢查下屬工作，完善監督機制

提高下屬執行力，僅僅靠自覺還不行，人都有惰性，如果不對下屬的執行情況進行檢查，下屬就很可能偷工減料，執行不力，因此，作為管理者還要及時地檢查監督下屬的執行情況。學會檢查下屬的工作，又是一個聽上去很簡單的事情。對下屬工作的檢查，管理人員的行為一般會有兩種：第一種情形，對佈置的工作忘了檢查，或者過了對下屬規定的完成時間後很久才想起檢查。這會造成下屬在今後的工作中存在僥倖心理，認為領導在佈置任務的時候說得很嚴重，但實際上也沒有什麼，做不做他也不管。那麼作為領導就不要期望下一次的執行力了，所以這種方式絕對不可取。第二種情形，領導檢查了工作，也是在要求的任務完成時間檢查的，但是下屬處於各種原因還是沒有完成，這時候領導只能夠將下屬批評一頓，重新約定一個完成時間——執行力還是沒有得到體現。所以，真正有效的管理者會不僅僅關注於對結果的檢查，而且會關注對任務執行過程的檢查。你不是要求下屬提供工作計劃嗎？那就應該在計劃執行的過程中，根據下屬的工作計劃在一些關鍵的時間點或應該出階段性結果的時候進行檢查。這樣你就能夠隨時掌握工作的進展，在事情還沒有變得不可收拾的時候進行調整，下屬也會時時刻刻帶著執行的壓力工作，結果當然也不會偏離你的期望，執行力也就得到體現。

四、引入競爭機制，激發下屬執行力

在具有執行力的公司裏，員工必然是忙而有序的。為了提高公司的執行力，管理者必須充分激發每一個人的積極性，使每一個人都忙碌起來。要適時引入競爭機制，喚起員工之間的競爭意識，以此來激發起員工強烈的執行能力。心理學家的實驗表明，競爭可以增加 50%或更大的創造力。人人都有一種不甘落後、以落後為恥的心理，而競爭恰恰可以使人們在成績上拉開距離，從而激勵員工的上進心，激發他們的創造性思維。讓人活在一個與世無爭的環境之中，沒有壓力，人的潛力很大程度上處於被壓抑狀態，若公司如此，則公司就會沒有活力，員工也沒有執行能力。

在部屬的管理中引入競爭機制，讓員工都有競爭的意識並能投入到競爭之中，企業的活力將永不衰竭。

執行力的主體是員工，讓他們保持一定的競爭壓力，就能激發起員工的積極性、主動性、創造性、提高執行力。

競爭分為良性競爭和惡性競爭，領導的職責之一就是遏制下屬之間的惡性競爭，積極引導良性競爭。

良性競爭對於企業組織是有益處的，它能促進員工之間形成你追我趕的學習、工作氣氛，大家都在積極地思考如何提高自己的能力；如何掌握新技能；如何取得更大的成績……這樣，公司的執行力就會大大提高，員工彼此之間的人際關係會更好，能使團隊發揮更大的威力。

五、加大對下屬培訓，提升執行能力

要提高下屬的執行力，還需要提高下屬的工作能力。只有工作能力提高了，提高執行力才有基礎。這就需要在企業內部進行持續的職業化訓練，主要是通過執行技能培訓和對職業技能運用的考核來實現。職業化訓練不僅包括執行技能訓練，還包括很多其他職業技能的訓練，比如溝通技能、領導藝術、決策技能等，重要的是在做培訓和考核計劃的時候一定要知道每個培訓項目和考核指標的指向，執行技能培訓的目標就是提升員工的執行力。最後就是提升企業員工的工作意願。從根本上說就是要提高員工對企業的滿意度，激發他們的積極性。提高員工對企業的滿意度要從滿足員工的需求開始，人的需求是有等級的，是動態的，不同的人在不同的時間其核心需求是不同的，但是在企業裏面員工的滿意度可以從文化氣氛、成長空間、收入水平、福利環境、法律環境等幾個方面去測量，我們要做的工作實際上也是三點：具有競爭力的薪酬體系和激勵機制，良好的職業發展通道，以人為本的企業文化氣氛。

打造你的成功團隊 培訓遊戲

遊戲名稱：如何與陌生人談話

主旨：

善於溝通的人常常有較強的表達能力和靈敏的反應能力。如何使自己與他人的對話在輕鬆的、愉快的氣氛中進行，並且使自己能從對話中得到自己想要的資訊，這是一個應該不斷提高的技巧問題。必須具備選擇能力和較強的控制能力。本遊戲要求學員在有限的對話中獲得資訊，也就是說，讓學員在交流的多種可能進行的狀態中進行選擇。

◎ **遊戲開始**

時間：3分鐘

人數(形式)：不限

材料準備：見發放材料

◎ **遊戲話術：**

現實生活中，真的不要和陌生人說話嗎？

那可真是大錯而特錯了，要知道我們可以從這些人身上獲得許多有利於我們工作、學習和生活方面的資訊呢！而且我們還可以從他們身上感受到快樂、開心等等方面的東西！

當然要和陌生說話了，而且要主動說、大膽說！下面我們將要進行的遊戲，會讓你絞盡腦汁的說，說個痛快，一直到你終於覺得可以和陌生人接觸自如為止。

◎**遊戲步驟：**

1.選出自願者。根據參加培訓學員的人數的適當比例選出自願者若干名。

2.將自願者平均分成兩個小組。將發放材料交給其中一個小組甲。小組甲中的每一位成員每人一份，內容不盡相同。

3.給小組成員 1 分鐘的準備時間，然後讓其上場。

4.從小組乙中任意邀請一名學員與甲組上場學員搭檔。

5.由乙組的成員開始詢問甲組成員 10 個問題，最後由乙組成員猜出分配給甲組成員的角色。注意：乙組成員不能直接提出要問的問題。例如：不能直接出現如：「職業」、「你是幹什麼的」、「你在那裏工作」等問題。小組甲的成員要儘量避免不讓乙組成員猜出自己的身份，但在小組乙沒有違反規定的條件下，必須如實回答乙組成員的問題。

6.遊戲進行 2 分鐘後叫停。無論上場學員是否已經問完了 10 個問題，都必須猜出其扮演的角色。也就是說，學員在問話過程中思考的時間不能過長。

◎**績效評估與討論：**

1.你們對場上學員的表現有什麼建議和看法？

2.小組乙的成員在詢問時，遵循什麼樣的思路？什麼樣的對話更加有利於我們揣測對方的心理？

3.當你在遊戲過程中逐漸看到答案時心裏有什麼想法？

4.這個遊戲是怎樣影響或者改變你對解決問題方法的看法的？你得出什麼樣的結論呢？

5.向乙組成員：爲了查清楚對方的「真實身份」，你預先設計什麼方案或者有那幾個步驟？

6.問甲組成員？爲了阻止你的對手找到答案，你有沒有設想對策呢？有效嗎？

發放材料　　角色描述

檢查員(將這種卡片發給 2～4 名學員。)

你是一家玩具公司的一名敬業的檢查員。你喜歡由你監督的開發組成員。你的工作就是將董事會做出的決議通知各個部門，監督他們的工作情況。

公司總裁(將這種卡片給 3～4 名學員。)

你是一家大型電腦公司總裁。擁有上億的資產。你是久經沙場的老手。你的工作就是對不斷變化的市場做出反應，以保持電腦公司的靈活性和競爭力。你性格和藹，但是做事相當嚴謹、固執，不易向他人妥協。

公司職員(將這種卡片發給 6～10 名學員。)

你是廣告公司策劃部的一名相當敬業的員工。你整天爲公司廣告創意而辛勤地工作著。

大學畢業生(將這種卡片給 1～2 名學員)

你是一所著名大學的畢業生。你正在尋找一份合適的工作。雖然你沒有工作經驗，但你已經在一家公司實習過，有很多實習經驗。你是參加過大學社團、政治活動、慈善機構等的自願者。你對未來的工作有著美好的憧憬。你非常樂觀，願意接受鍛煉。無論你在那裏工作，總能夠讓大家喜歡。

第 *8* 章

評估團隊的績效

　　團隊績效的好壞與企業中每個人的績效緊密相關。對團隊績效的評估，要劃分團隊和個體績效所佔的權重比例；再考慮如何用具體的指標來衡量這些要素。通過評估團隊個人績效、團隊績效，以期達到改善企業績效。

案例研究

　　豬圈裏有兩頭豬，一頭大豬，一頭小豬。豬圈的一邊有個踏板，每踩一下踏板，在遠離踏板的豬圈的另一邊投食口就會落下少量的食物。如果有一隻豬去踩踏板，另一隻豬就有機會搶先吃到另一邊落下的食物。當小豬踩動踏板時，大豬會在小豬跑到食槽前剛好吃光所有的食物；若大豬踩動了踏板，則還有機會在小豬吃完落下的食物前跑到食槽，爭吃到另一半殘羹。

　　那麼，兩隻豬各會採取什麼策略呢？答案是：小豬將選擇「搭便車」策略，也就是舒舒服服地等在食槽邊；而大豬則為一點殘羹不知疲倦地奔忙於踏板和食槽之間。

　　原因何在？因為小豬踩踏板將一無所獲，不踩踏板反而能吃上食物。對小豬而言，無論大豬是否踩動踏板，不踩踏板總是好的選擇。反觀大豬，已明知小豬是不會去踩動踏板的，自己親自去踩踏板總比不踩強吧，所以只好親歷親為了。

　　「小豬躺著大豬跑」的現象是由於故事中的遊戲規則所導致的。規則的核心指標是：每次落下的食物數量和踏板與投食口之間的距離。

　　如果改變一下核心指標，豬圈裏還會出現同樣的「小豬躺著大豬跑」的景象嗎？試試看。

　　改變方案一：

　　減量方案。投食僅原來的一半分量。結果是小豬大豬都不

去踩踏板了。小豬去踩，大豬將會把食物吃完；大豬去踩，小豬也將會把食物吃完。誰去踩踏板，就意味著為對方貢獻食物，所以誰也不會有踩踏板的動力了。

如果目的是想讓豬們去多踩踏板，這個遊戲規則的設計顯然是失敗的。

改變方案二：

增量方案。投食為原來的一倍分量。結果是小豬、大豬都會去踩踏板。誰想吃，誰就會去踩踏板。反正對方不會一次把食物吃完。小豬和大豬相當於生活在物質相對豐富的「共產主義社會」，所以競爭意識不會很強。

對於遊戲規則的設計者來說，這個規則的成本相當高(每次提供雙份的食物)；而且因為競爭不強烈，想讓豬們去多踩踏板的效果並不好。

改變方案三：

減量加移位方案。投食僅投原來的一半分量，但同時將投食口移到踏板附近。結果呢，小豬和大豬都在拼命地搶著踩踏板。等待者不得食，而多勞者多得。每次的收穫剛好消費完。

對於遊戲設計者，這是一個最好的方案。成本不高，但收穫最大。

原版的「智豬博弈」故事給了競爭中的弱者(小豬)以等待為最佳策略的啟發。但是對於社會而言，因為小豬未能參與競爭，小豬搭便車時的社會資源的配置並不是最佳狀態。為使資源最有效配置，規則的設計者是不願看見有人搭便車的，政府如此，公司的老闆也是如此。而能否完全杜絕「搭便車」現象，

就要看遊戲規則的核心指標設置是否合適了。

　　比如，公司的激勵制度設計，獎勵力度太大，又是持股，又是期權，公司職員個個都成了百萬富翁，成本高不說，員工的積極性並不一定很高。這相當於「智豬博弈」增量方案所描述的情形。但是如果獎勵力度不大，而且見者有份(不勞動的「小豬」也有)，一度十分努力的大豬也不會有動力了，就像「智豬博弈」減量方案所描述的情形。

第一節　團隊績效測評實施

　　對團隊績效的測評可以遵循一個固定的流程，即首先確定團隊層面的績效測評維度和個體層面的績效測評維度；然後劃分團隊和個體績效所佔的權重比例；再在測評維度的基礎上，分解測評的關鍵要素；最後再考慮如何用具體的測評指標來衡量這些要素。

一、確定團隊績效測評維度

　　在分解具體的團隊績效測評標準前，應首先確定團隊績效的測評維度，如財務指標、客戶滿意度、員工隊伍建設等幾個方面。

　　確定團隊績效的測評維度，通常可以採用以下六種方法。

(一)利用客戶關係圖確定團隊績效的測評維度

要描述團隊的客戶以及說明團隊能爲他們做什麼，最好的方法就是畫一張客戶關係圖。這張圖能夠顯示出你的團隊、提供服務的內外客戶的類型以及客戶需要從團隊獲得的產品和服務。也就是說，該圖能夠顯示出團隊及其客戶之間的「連接」。

當團隊的存在主要是爲了滿足客戶的需求時，最理想的方法是採用客戶關係圖法。團隊必須要考慮客戶對團隊的需求，客戶的需求是團隊績效測評維度的一個主要來源。客戶就是那些需要團隊爲其提供產品和服務並幫助他們工作的人，既可以是組織內部的同事，也可能是組織外部的顧客。

MTL 公司大客戶經理 KPI 體系的確定

MTL 公司是一家合資企業，創立於 1992 年。該公司主要生產紫外光固化樹脂塗料(簡稱 UV 塗料)，該產品能夠對家電、摩托車、塑膠、金屬、紙張、竹木和精密電路等行業製品起保護作用，因此，公司 92%的利潤來源於應用這些產品的企業，具有典型的大客戶營銷的特點，其客戶分爲潛在客戶、不穩定客戶和穩定客戶三種類型。公司分別設立了中南、西南、西北、東北、華北、江蘇、浙江、上海、廣東 9 個分公司，分公司設大客戶經理、會計、銷售人員、技術服務人員等崗位。大客戶經理的主要職責是完成營銷計劃任務，進行市場開拓調研與客戶維護、商務談判、團隊管理、財務控制等。下面以該公司分公司大客戶經理的客戶關係圖爲例進行 KPI 的設計，圖 8-1 中列出了分公司大客戶經理的客戶及客戶所需要的產品和服務。

圖 8-1 大客戶經理客戶關係圖

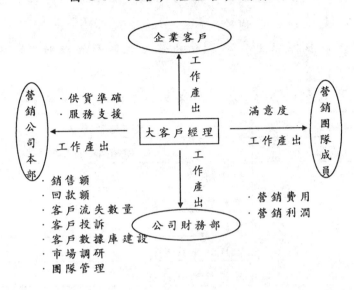

該公司利用客戶關係圖來確定大客戶經理 KPI 體系的步驟為：

第一，繪製出客戶關係圖。大客戶經理的外部客戶包括家電、摩托車、塑膠、金屬、紙張、竹木和精密電路等製造企業，內部客戶為營銷公司本部、公司財務部和所轄團隊成員。

第二，根據客戶關係圖確定客戶需要的產品和服務，如銷售額、營銷費用、營銷利潤、客戶投訴、客戶數據庫建設、市場調研、團隊管理、供貨準確、服務支援、團隊成員滿意度等。

第三，將不同客戶的相同或相似的需求項目進行歸類，如對團隊管理與團隊成員滿意度進行測評。

第四，確保每一個列出的項目都值得測評，分別從成本、數量、質量、時限這四個維度來進行歸類識別。

第五，把客戶關係圖中所列的 KPI 重新進行命名，用盡可能精練、準確的詞來描述。

第六，根據以上步驟，最終確定大客戶經理的 KPI 指標，詳見表 8-1。

表 8-1　MTL 公司的分公司 KPI 體系一覽表

測評維度	KPI指標名稱
成本	營銷費用
數量	銷售額
	回款額
	營銷利潤
	客戶流失數量
	開拓新客戶數量
質量	客戶投訴
	客戶數據庫建設
	市場調研
	團隊管理
	服務支援
時限	供貨準確

（二）利用組織績效目標確定團隊績效的測評維度

該方法最適用於那些為幫助組織改進績效目標而組建的團隊。組織的績效目標體現在壓縮運轉週期、降低生產成本、增加銷售額、提高客戶的忠誠度等方面。

通過以下步驟可以確定能夠支援組織實現目標的團隊業

績：①界定幾項團隊可以影響的組織績效目標；②如果團隊能夠影響這些組織績效目標，接下來就要回答這樣一個問題：「團隊要做出什麼樣的業績才能有助於組織達到其目標？」③把這些成果作為測評維度並把它們添加到業績測評表內。

(三)利用業績金字塔確定團隊績效的測評維度

構築業績金字塔要明確業績的層次，組織必須創建組織整體的績效維度，並選擇團隊目標的績效指標。因此，把團隊業績和組織績效緊密聯繫起來就能保證團隊的成功將會有利於整個組織。

構築一個有關工作成果的業績金字塔，應當明確以下問題：①什麼是整個組織的宗旨或功能？組織要創建什麼樣的業績？②要選擇什麼樣的業績來產生組織績效？③這些業績中的那幾項是由團隊負責創建的？

如果公司的業績金字塔是為整個組織而建立的，那麼，只有金字塔內的某些部分才是一個團隊需要對此負責的。通過對金字塔的觀察，團隊可以確定它應當負責的幾項成果。

(四)利用工作流程圖確定團隊績效的測評維度

工作流程圖是描述工作流程的示意圖。工作流程貫穿於各個部門之間，是向客戶提供產品或服務的一系列步驟，這裏的客戶既包括組織外部的顧客也包括組織內部的顧客。用工作流程圖來計劃工作流程，並把它作為確定團隊績效的測評維度的工具有以下幾點好處：①把質量與流程改良計劃和績效管理聯

繫起來；②那些有清晰工作流程的團隊能夠對它們在工作流程方面的有效性進行測評；③對工作流程進行計劃可以確定簡化和重新設計流程的機會，從而形成更好的工作流程。

那麼，怎樣使用工作流程圖來確定團隊績效的測評維度呢？工作流程圖內含有三個測評維度：向客戶提供的最終產品；整個團隊應負責的重要的工作移交；整個團隊應負責的重要的工作步驟。

以上介紹了四種確定團隊績效的測評維度的方法，這四種方法各有其適用的情況：當客戶滿意度是團隊的主要驅動力時，最常採用的方法是客戶關係圖法；當重要的組織績效目標必須得到團隊的支援時，最常採用的方法是支援組織績效目標的團隊業績法；當團隊和組織之間的聯繫很重要，但團隊和組織之間的關係卻不甚明瞭時，最常採用的方法是團隊業績金字塔法；當團隊的工作具有清楚明確的工作流程時，最常採用的方法是工作流程圖法。

(五)利用關鍵業績指標(KPI)確定團隊績效的測評維度

KH，英文名為「Key Performance Indicators」，其含義是「關鍵業績指標」，指企業宏觀戰略目標決策經過層層分解後產生的可操作性的戰術目標。KPI 是宏觀戰略決策執行效果的檢測指標，它通過目標層層分解的方法使得各級目標(包括團隊目標和個人目標)不會偏離組織的戰略目標。KPI 也是一整套關鍵業績指標體系，它不僅能夠約束和指導員工行為，而且能夠發揮戰略導向的作用，有效地闡釋與傳播企業戰略，成為企業

戰略實施的工具。

　　在爲團隊選擇 KPI 時，首先要確定企業戰略下團隊的目標，據此確定團隊整體績效和團隊成員個體績效的測評維度，並分配不同的權重；然後進行各個維度下 KPI 的解析，確定每個維度的內容及目標實現的標準；最後根據 SMART 原則來選擇具體的關鍵業績指標(見表 8-2)。

表 8-2　與團隊績效相關的測評矩陣

貢獻	行爲績效	結果績效
團隊層面：團隊績效	群體溝通，一致決策，召開會議	團隊產品的客戶滿意度、完成時效性、市場狀況
個體層面：個人績效	參加例會，參與決策，承擔相應角色責任，爲其他成員提供幫助	爲團隊貢獻的有效建議，個體任務完成時間

(六)利用平衡計分卡確定團隊績效的測評維度

　　平衡計分卡認爲，團隊績效應該從四個方面，即顧客滿意度、內部運營、財務狀況和學習與創新來衡量，它通過合理地安排這些績效指標的優先順序，按其重要性給不同的指標配以不同的權數，從而爲團隊指出那些因素是重要的。

　　平衡計分卡是一種使用比較普遍的戰略性的績效管理工具，它是由美國管理學家卡羅伯特·卡普蘭和大衛·P.諾頓在總結多家在績效管理方面處於領先地位公司經驗的基礎上，於1992年共同開發並推廣的。目前，被《財富》雜誌列爲世界1000家的大企業中，有超過 50%的企業都在使用平衡計分卡的系統，並將其作爲進行績效管理和績效測評的有效方法。

二、建立團隊績效測評指標體系

建立團隊績效測評指標體系首先要分解團隊績效的測評維度，然後再建立包含個人績效的團隊績效測評指標體系。

(一)分解團隊績效的測評維度

一般來講，可以通過以下兩種方法來分解團隊績效的測評維度。

1.格利伯特(Glibert)的四維度法。根據格利伯特的四維度法，可將團隊績效的測評維度分為「質量、數量、成本、時效性」四個方面，每個維度又可作進一步的分解。

(1)質量測評標準。當顧客非常關注工作成果的質量時，該標準顯得更為重要。團隊中經常採用精確性、優越性和創新性指標來測評質量標準。精確性是指工作成果與理想標準模式的匹配程度；優越性是指比單純的精確性更卓越的績效，可以體現在形式、風格、樣式或方法等方面；創新性是指績效表現中與眾不同的、全新的和具有獨特性的方面。

(2)數量測評標準。數量測評標準主要測量諸如「數量是多少」或「速度如何」等方面，該標準主要通過統計計算來完成。格利伯特曾對速度和數量作出如下區分：當標準對時間更為敏感時，通常使用速度標準，並以有時間限制的標準作為測評指標，如「每小時打包的數量」；在數量是重要的而對時間不敏感的情況下，則使用數量標準，如「你共銷售了幾套軟體」。

(3)成本測評標準。成本包括勞動力成本、原材料成本和管理成本。勞動力成本包括工資、資金、福利等；原材料成本包括供應物品、工具、場地和能源等；管理成本是監督控制成本和借助外部諮詢服務等方面的成本。

(4)時效性測評標準。時效性測評標準用來衡量完成工作所需的時間，這是與顧客打交道時要注意的重要問題。團隊的顧客既包括內部顧客也包括外部顧客，必須認真對待顧客對產品或服務的需求。顧客通常會要求在規定的時限內收到產品，因此,用於衡量顧客滿意度的時效性測評標準就顯得尤爲重要了。

　2.團隊成員的個體行爲維度與個體成果維度法。個體績效測評的維度要從個體行爲維度和個體成果維度兩個角度出發。

(1)個體行爲維度：主要考察個體參與團隊活動的情況。重點考察團隊成員參加團隊會議的程度、主動承擔團隊項目的程度以及和其他成員進行建設性交流的程度、爲其他成員提供幫助的情況等。

(2)個體成果維度：主要考察個體完成團隊任務的結果。重點考察個體完成分配任務的時間和質量、爲團隊提供有效建議的情況、提供給團隊數據的精確程度等。

團隊成員可以分爲：報告建議者、發明革新者、開拓促進者、測評開發者、推進和組織者、總結和生產者、控制和檢驗者、支持和維護者等角色。由於每個角色所要求的個人知識和能力結構都不相同，對各個角色在分工上和績效測評中的要求也就不同。例如，對提供建議者，其行爲績效就應當側重於在例會中提供建議的程度以及與他人分享資訊的情況，而反映在

結果上可以表述爲提供有效建議的數量等。

(二)確立包含個人績效的團隊績效測評指標體系

團隊績效的測評有兩個重要的層面，即團隊層面和個體層面，在進行團隊績效測評時若僅僅強調其中某一個層面而忽視另一個層面就會有一定的缺陷。傳統的以個人績效或以團隊績效爲主的績效管理實踐表明，更重視個人績效將會導致團隊成員間的激烈競爭，而且有時會以犧牲團隊利益爲代價；更重視團隊績效將會導致團隊「大鍋飯」，團隊成員的個人責任感下降。雖然注重個人績效的測評有助於減少工作中的搭便車現象，卻忽略了作爲一個優秀團隊的最本質部分：合作與協同。

所謂「包含個人績效的團隊績效」的模式，是指以團隊績效爲主、個人績效爲輔，個人績效爲團隊績效服務，形成團隊合力，提升團隊業績，打造團隊優勢，提高核心競爭力的模式。

每個團隊成員，特別是能力較強、業績較佳的成員，都渴望對自己的評價既要以團隊爲基礎，也要以個人爲基礎，即不僅要對團隊進行測評，還要對每個成員對團隊所作的貢獻進行測評。一方面，對個人績效的測評可以提供事實和數據，爲那些個人業績佳的員工提供支援以及指導；另一方面，對個人績效進行測評還可以提供數據來獎勵那些業績出色的成員，否則，他們可能在一個「總體業績佳」的團隊裏被人忽視。因此，確立績效標準要將團隊工作融入到個人測評中去，要將團隊績效測評與個人績效測評有機地銜接起來（見下表 8-3）。

表 8-3 團隊績效測評矩陣

測試層面	行爲/過程的測評	結果的測評
個體層面：成員對團隊的貢獻	・團隊成員是否合作 ・在會上是否交流看法 ・是否參加團隊決策過程 ・或者在以上所有活動中他的表現如何	・某成員是否同其他團隊成員合作 ・書面報告的質量 ・完成個人業績所需的時間 ・向團隊所提建議的準確性 ・團隊成員完成工作的情況
團隊層面：團隊的總體績效	・團隊成員是否合作 ・團隊召開會議是否講究效果 ・團隊全體交流看法是否聽取各方意見 ・決策時是否意見一致 ・或者在以上所有活動中表現如何	・團隊成員是否合作 ・客戶對團隊工作業績的滿意度 ・積壓工作減少的百分率 ・團隊整體工作過程的運轉週期

三、建立團隊中的個人績效測評指標體系

建立團隊中的個人績效測評指標體系有其必要性，並有其設計思路和架構。

(一)實施團隊中的個人績效測評的必要性

每一個團隊都擁有共同的宗旨和績效目標，具有靈活的組織形式，但團隊內部的資訊具有不對稱的特點，因此，需要對

團隊成員個體進行績效測評。

首先，過分強調團隊的績效而不對團隊內的個人貢獻進行確認，會引起團隊成員的不公平感，最終會導致每個人的實際努力水平低於其潛在的水平，從而影響團隊效率。

其次，對團隊成員進行個人績效測評是進行人事決策的基礎。強調團隊的整體績效會導致諸如晉升、薪資調整等人事決策無所適從，缺少科學量化的參考依據。

最後，個人績效測評是使團隊工作保持高效運作的基礎。

(二)設計個人績效測評指標體系的思路

進行個人績效測評指標體系設計要遵從以下思路。首先，進行個人績效測評指標體系設計要遵循 SMART 這一基本原則。其次，測評指標體系設計中要考慮成員所屬團隊的類型。團隊類型不同，對團隊中的個人進行績效測評時，所使用的指標以及指標體系建立的側重點也就有所不同。現行管理中按團隊的不同工作性質可將團隊分為生產作業團隊、營銷團隊、研發團隊以及管理團隊。最後，設計指標體系時要考慮到團隊成員的個人特點，讓團隊成員充分參與到績效測評指標的設計過程中。

(三)個人績效測評指標體系的架構

個人績效測評指標體系可包括兩個一級指標：綜合素質和工作業績。在一級指標下可再分解出若干二級指標項目。綜合素質指標用於反映員工可以勝任某個崗位的基本素質；工作業績指標用於反映員工過去和現在的業績。

GE 公司——造就優秀人才

發現優秀人才可以通過各種各樣的渠道。我一直相信:「你遇到的每一個人都是另一場面試。」我們造就了不起的人，然後，由他們造就了不起的產品和服務。在一個擁有 300000 名員工和 4000 名高級經理的大企業裏，我們所需要的絕不僅僅是能感觸到良好意願，必須有一種合理的制度使更員工們懂得遊戲規則。這一過程的核心是人力資源循環: 4 月份在每一個主要公司的所在地進行的全天的 C 類會議(追蹤); 11 月份的 C-2 類會議，全面檢查所確定的事項。這是正規的安排。在 GE 的每一天，我們還有一種非正規的暗示性的人事檢查——在休息室裏，在走廊中，以及在每一次公司會議上。對人的高度注意——在無數的環境下考驗每一個人——形成了 GE 的管理理念。總之，這就是 GE。

我們對員工進行績效管理和激勵的方法可以用一個詞概括: 區分。

區分並不容易做到。如何找到一個方法將一個大公司的人們區分開來，這是最難做的事情之一。多年來，我們使用了各種各樣的鍾形曲線和框圖來區分人們的才能，這都是些用來給人們的成績和潛力劃分等級(高、中、低)的圖表。

我們還引導使用「360 度測評」，也就是把同級和下級員工的意見都考慮進來。在頭幾年裏，它的確幫助我們找出了那些害群之馬。不過，時間一長，這一辦法就開始走過場了。人們開始相互之間說好話，因而每個人都能得到很好的評級，大家相安無事。現在，我們只有在特殊場合下才使用「360 度測評」。

我們一直在尋找一套能更有效地評價組織的方法，最終我們發現了一種我們真正喜歡的方法，我們稱之為活力曲線。

每年，我們都要求每一家 GE 公司為他們所有的高層管理人員分類排序，其基本構想就是強迫我們每個公司的領導對他們領導的團隊進行區分。他們必須區分出：在他們的組織中，他們認為那些人屬於最好的 20%，那些人屬於中間大頭的 70%，那些人屬於最差的 10%。如果他們的管理團隊有 20 個人，那麼我們就想知道，20%最好的 4 個和 10%最差的 2 個人都是誰——包括姓名、職位和薪金待遇。表現最差的員工通常都必須走人。

作出這樣的判斷並不容易，而且並不總是準確無誤的，但是你造就一支全明星團隊的可能性卻會大大提高。這就是如何建立一個偉大組織的全部秘密。一年又一年，「區分」使得門檻越來越高並提升了整個組織的層次。這是一個動態的過程，沒有人敢相信自己能永遠留在最好的一群人當中，他們必須時時地向別人表明：自己留在這個位置上的確是當之無愧的。

區分要求我們把人分為 A，B，C 三類。

A 類是這樣一些人：他們激情滿懷、勇於承擔責任、想法開闊、富有遠見。他們不僅自身充滿活力，而且有能力帶動自己週圍的人。他們能提高企業的生產效率，同時還使企業經營充滿情趣。

他們擁有我們所說的「GE 領導能力的四個 E」：有很強的精力(Energy)；能夠激勵(Energize)別人實現共同的目標；有決斷力(Edge)，能夠對是與非的問題作出堅決的回答和處理；能

堅持不懈地進行實施(Execute)並實現他們的承諾。在我們看來，四個 E 是與一個 P(激情，Passion)相聯繫的。

正是這種激情，也許是比任何其他因素都更為重要的因素。這種激情將 A 類員工與 B 類員工區分開來。B 類員工是公司的主體，也是業務經營成敗的關鍵。我們投入了大量的精力來提高 B 類員工的水平。我們希望他們每天都能思考一下為什麼他們沒有成為 A 類，經理的工作就是幫助他們成為 A 類。

C 類員工是指那些不能勝任自己工作的人。他們更多的是打擊別人，而不是激勵；是使目標落空，而不是使目標實現。你不能在他們身上浪費時間，儘管我們要花費資源把他們安置到其他地方去。

活力曲線是我們區分 A 類、B 類和 C 類員工的動態方法，是 C 類會議所使用的最重要工具。將員工按照 20：70：10 的比例區分出來，逼迫著管理者不得不作出嚴厲的決定。經理們如果不能對員工進行區分，那麼很快，他們就會發現自己被劃進了 C 類。

活力曲線需要獎勵制度來支援：提高工資、股票期權以及職務晉升。

A 類員工得到的獎勵應當是 B 類的兩到三倍。對 B 類員工，每年也要確認他們的貢獻，並提高工資。至於 C 類，則必須是什麼獎勵也得不到。每次評比之後，我們會給予 A 類員工大量的股票期權。大約 60%到 70%的 B 類員工也會得到股票期權，儘管並不是每一個 B 類員工都能得到這種獎勵。

失去 A 類員工是一種罪過。一定要熱愛他們，擁抱他們，

親吻他們，不要失去他們！每一次失去 A 類員工之後，我們都要作事後檢討，並一定要找出這些損失的管理責任。我們的做法很有效。每年我們失去的 A 類員工不到 1%。

這種制度也有它的缺點。

擁有 A 類員工是一種管理業績，每個人都喜歡做這種事。確認和獎勵中間 70%裏的有價值的員工也沒有什麼困難。但是，處理底部的 10%卻要艱難得多。

我們的活力曲線之所以能有效發揮作用，是因為我們花了 10 年的時間在我們的企業裏建立起一種績效文化。在這種績效文化裏，人們可以在任何層次上進行坦率地溝通和回饋。坦率和公開是這種文化的基石。我不會在一個並不具備這種文化基礎的企業組織裏強行使用活力曲線。

第二節　團隊人員考評的運作

設定個人目標、團隊目標和企業目標在企業中非常重要。當然，保證企業成功地達到目標也是同等重要的。企業、團隊績效的好壞與企業中每個人的績效緊密相關。

在團隊中，衡量與監測個人績效就像走鋼絲一樣，要步步小心。你不能過度地衡量與監測團隊隊員，這樣做只能導致繁文縟節和官樣文章，它們會對團隊隊員的能力產生負面影響，從而影響他們的工作。但也不能做得不足，如果過少地衡量與

監測團隊隊員，在任務沒有及時完成或費用超過預算時，由於沒有心理準備，你就會大吃一驚。「什麼？還沒完成客戶數據庫的轉換？我已經答應了銷售部的團隊經理，兩週前就應該完成！」，「有人要被炒了！」

作為團隊經理，請你牢記，衡量與監測團隊隊員績效的主要目的，不是當團隊隊員犯了錯誤或錯過了重要的事情時去懲罰他們，而是鼓勵團隊隊員繼續按計劃表工作，並弄清楚他們在工作時是否需要額外的幫助和支援。如果不對目標進行監測，就達不到目標。

不知什麼原因，很少有團隊隊員在執行任務時會承認自己需要幫助。因為團隊隊員不情願承認，所以系統地檢查他們的工作進展、定期地對他們的工作進行監測是很關鍵的。千萬不要聽其自然，一定要制定制度來監測工作進展情況，並保證達到目標。

一、專心致志

監測團隊隊員工作進展的第一步，就是定出達到目標的重要指標。

給團隊隊員制定簡明的目標，這些目標具有 SMART（特定的、可衡量的、可獲得的、相關的、限時的）特徵，所以它們是可衡量的，並且有明確的最後期限。

當用精確的數字對目標進行量化時，團隊隊員對衡量個人績效的方法就不會產生疑惑。例如，用每小時生產的鏈齒輪數

量作爲績效監測的標準，員工就會確切地知道你的用意。如果監測的標準是每小時生產 100 個鏈齒輪，產品不合格率要低於 1%，而團隊隊員每小時只生產了 75 個鏈齒輪，其中有 10 件次品，團隊隊員就很清楚，這樣的績效是不符合要求的。團隊隊員不會抱有任何幻想，因爲目標是客觀的，不以個人詮釋或個別主管和經理的意志爲轉移。

怎樣衡量與監測團隊隊員完成目標的進展情況呢？這是由目標自身的性質決定的。你可以用時間、產品數量來衡量，也可以用特定的工作成果的完成情況(比如一份報告或銷售建議)來衡量。以下是各種目標以及衡量這些目標的方法：

目標　在本財政年度的第二季度末以前，計劃並完成團隊的業務通訊。

監測　寄出業務通訊的那一天(比如 6 月 30 日)(時間)。

目標　每名團隊隊員每天生產的山地車車架從 20 個提高到 25 個。

監測　團隊隊員每天生產山地車車架的確切數量(量)。

目標　1997 年財政年度的項目利潤提高 25%。

監測　從 1997 年 1 月 1 日~12 月 31 日，利潤增長的整個百分比(百分比增長)。

雖然，記錄團隊隊員達到目標的時間很重要，但是，表彰團隊隊員在達到目標過程中取得的進步也同等重要。例如：

司機的目標就是保持安全駕駛的記錄。這是一個沒有間斷、沒有最後期限的目標。爲了鼓勵司機的成就，在車庫中間顯眼的地方張貼巨大的橫幅，寫上「安全駕駛 153 天」。多一天

安全駕駛就加一天。

財務員的目標就是把每天的平均交易額從 150 提高到 175。為了監測團隊隊員的進步情況,在每個週末,把每名團隊隊員的日工作量總結公佈。隨著工作量的提高,要表揚團隊隊員在實現最後目標中所取得的進步。

接待員的目標是把顧客反饋的優秀率提高 10%。每個月都把每名接待員的工作成績列表並在部門工作會議上公佈,得到優秀反饋最多的接待員就會享受與部門經理共進午餐的待遇。

進行績效衡量與監測的秘訣在於使用正面反饋的力量。當作出正面反饋(產量提高了,銷售率提高了等等)時,就有利於理想績效的實現;當作出負面反饋(錯誤量,耽誤的工作日等等)時,就阻礙了理想績效的實現。正面反饋與負面反饋帶來的結果差異很大。

從下列一個簡單的推理我們就可以看出反饋結果差異性:

圖 8-2　反饋結果差異性

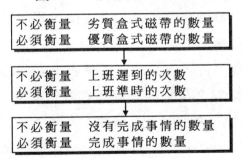

給團隊隊員的績效反饋是公開的還是保密的呢?對此你猶豫不決。你覺得怎麼辦好呢?

取得績效衡量成果獨一無二的方法是,讓團隊隊員意識到

他們每天取得的進步。也就是說，公開所有團隊隊員的績效評價數據，並張貼在顯眼的地方。

作為團隊經理，我們的經驗是，把績效衡量結果公佈於眾，最有可能得到滿意的結果。團隊隊員互相競爭的天性最能激發他們去提高績效。當結果沒有公開時，團隊隊員就不知道自己與他人相比成績如何，即使你不斷鼓勵他們，他們也沒有積極性去提高績效。然而，當團隊隊員看到自己每週或每月的績效在團隊員工中的排名後，他們會突然受到激發，想成為最出色的團隊隊員，於是他們的績效提高了。你並不鼓勵破壞性的競爭，而是要鼓勵力求優秀的競爭。

當你張貼團隊隊員的績效評價數據時，你是否會怕他們尷尬？這是問題的關鍵。雖然你不想團隊隊員在同事面前丟臉，但你的目的是對團隊隊員施加有利的影響。除非每週排名落後的團隊隊員一點兒都不在乎，否則他們一定會取得點兒進步。這就使排名靠前的團隊隊員更加努力工作，以保持現有的名次。轉眼之間，整個小組成員都成了優秀團隊隊員。

管理專家彼得‧德魯克(Peter Drueker)說，許多商業人員用大量時間數錢，而用很少時間衡量企業人員的績效。德魯克的話是什麼意思呢？他指的是經理們在應用管理控制(比如預算)時，很容易變得鼠目寸光。例如，大部分預算是指定用來保證團隊的基金只用在准許用的地方。預算是控制方法，通過計算用於某個特殊活動的錢來防止無控制的花錢。然而，德魯克建議，不要只預算錢，應該用預算來衡量績效。經理們把計劃支出與未來的結果聯繫起來，並提供後續的資訊來表明期望的

結果是否達到。在此基礎上就可以衡量績效了。

德魯克把計算比作醫生用 X 射線診斷疾病。雖然一些病痛比如骨折、肺炎等，可以在 X 照片上顯出來，但是其他危及生命的疾病，比如白血病、高血壓和愛滋病，X 光是檢查不出來的。相似的是，許多經理用會計制度來仔細審查企業的財務績效。但是，只有當損失已經無法挽回時（病人已病入膏肓時），會計制度才能衡量市場佔有率的慘痛損失或團隊革新的失敗。

1.直接績效考核制度的制定

你可以衡量無數的行為或績效特徵。衡量的績效及其相應的價值全由你和團隊隊員來決定。在任何情況下，當制定衡量與監測團隊隊員績效的制度時，你要記住用 MARS 系統。MARS 是里程碑、活動過程、關係和計劃表 4 個詞首字母的組合，在下文中，我們將分別敘述 MARS 系統的各個要素。

2.檢查點的設定：量程碑

起點、終點以及衡量進展情況的各個點構成了達到目標的整個過程。

里程碑指的是能告訴你和團隊隊員在實現共同目標的路上已走了多遠的檢查點。

例如，你設定了一個目標，在 3 個月內完成團隊預算。目標的第三個里程碑是，最晚在 7 月 1 日前，把部門預算草案交給部門經理。如果你在 7 月 1 日檢查部門經理時，他們還沒有遞交預算草案，那麼工作進度落後於計劃表；如果在 5 月 15 日交上所有的預算草案，那麼工作進度先於計劃，你就可以提前達到最後目標，即完成團隊預算。

3.檢查點的到達：活動過程

活動過程指團隊隊員從一個里程碑到下一個里程碑的個體活動。

要到達預算目標的第三個里程碑，團隊隊員必須在到達目標的第二個里程碑後，承擔並完成以下幾項主要工作：

- 審查前一年的支出報告，查明與現行活動的關係；
- 審查當年支出報告，計劃年終的支出數目；
- 會見部門工作人員，確定他們在新一年裏的培訓、旅遊、重要設備需求；
- 審查僱用和解僱工人的計劃，並確定工資增長對工資總額的影響；
- 把以前活動過程中得到的數字輸入電腦，建一個預算草案的空白表格程序；
- 複印預算草案，並仔細地覆核結果。如果有必要的話，做一些帳目修改並重新複印；
- 把預算草案交給部門經理。

以上每一項活動都使團隊隊員離目標的第三個里程碑——在 7 月 1 日前完成團隊預算草案——近一點兒。因此，每一項活動都是影響團隊隊員績效的關鍵因素。當制定一個完成目標的計劃時，一定要用筆記錄下每一個活動過程。這樣可使團隊隊員更容易集中精神，因爲他們已確切地知道，要到達一個里程碑必須要做什麼，已走了多遠，還需要走多遠。

4.關係

關係指的是里程碑與活動過程的相互作用。

相互關係確定了各項活動過程的順序合理，你就能成功，有效地達到目標。

例如，在活動過程表上，要達到目標的第三個里程碑，即在 7 月 1 日前提交團隊的預算草案，先進行第五項活動就沒有實際效果！還沒有計算出填在空白表格中的正確數字就要填表，當然毫無意義。

然而，要謹記條條大路通羅馬，要給團隊隊員自由來決定自己達到目標的路。這樣，就授予了團隊隊員承擔工作的責任，吸取經驗教訓的權利。結果團隊隊員表現優秀並且士氣高昂。

5.計劃表

如何確定各個里程碑之間的距離以及完成目標所需的時間呢？通過對目標計劃中每一個活動過程的時間表的估算，你就可以確定。審核本年度財政支出報告和目標年終支出額需要多少時間呢？一天？一週？會見部門全體工作人員，對他們的經費進行估算需要多少時間呢？

運用經驗和訓練制定可行的、有用的計劃表是很重要的。例如，你或許知道，如果一切順利的話，會見所有團隊隊員正好需要 4 天。如果有麻煩的話，就需要 6 天。因此，做計劃時，你決定用 5 天時間來完成這個活動過程是恰當的。允許在進行過程中有一些可變因素，從而保證按時達到里程碑。

每一個要素（包括里程碑、活動過程、關係和計劃表）的實施，可以使目標衡量和監測實現。如果你不能衡量與監測目標，團隊隊員也就永遠達不到目標，你也就不會弄清它們的差異。難道這不是一種恥辱嗎？

6. 衡量

管理專家彼得・德魯克(Peter Drucker)說，許多商業人員用大量時間數錢，而用很少時間衡量企業人員的績效。德魯克的話是什麼意思呢？他指的是經理們在應用管理控制(比如預算)時，很容易變得鼠目寸光。例如，大部分預算是指定用來保證團隊的基金只用在准許用的地方。預算是控制方法，通過計算用於某個特殊活動的錢來防止無控制的花錢。然而，德魯克建議，不要只預算錢，應該用預算來衡量績效。經理們把計劃支出與未來的結果聯繫起來，並提供後續的資訊來表明期望的結果是否達到。在此基礎上就可以衡量績效了。德魯克把計算比作醫生用 X 射線診斷疾病。雖然一些病痛比如骨折、肺炎等，可以在 X 照片上顯出來，但是其他危及生命的疾病，比如白血病、高血壓和愛滋病，X 光是檢查不出來的。相似的是，許多經理用會計制度來仔細審查企業的財務績效。但是，只有當損失已經無法挽回時(病人已病入膏肓時)，會計制度才能衡量市場佔有率的慘痛損失或團隊革新的失敗。

7. 甘特表

在一些情況下，衡量實現目標過程中團隊隊員的工作進展，並不費多大力氣。例如，如果目標是把每小時生產的產品從 100 件提高到 125 件，那麼一個簡單的計算就可以告訴你團隊隊員是否達到了目標。「對不起，斯卡裏，你每小時只平均生產 120 件。」然而，如果目標是在 6 個月內製造一輛電動車樣品，那麼衡量與監測個人績效的工作就變得非常複雜和混亂。

雖然你決定列出所有的里程碑和活動過程，但對於複雜的

目標來說，閱讀並理解目標的圖表會更容易。PERTS、甘特設計圖和其他的計算標準無時不在的爲全世界的商務人員服務。

條形圖，又叫甘特圖（以著名的工業管理工程師亨利·L·甘特命名），可能是展示和監測項目進展的最簡單最普遍的方法。只要掃一眼，經理就可以很容易地明瞭任意一天的項目進展情況，還可以把實際進展情況與計劃相比較。

條形圖的三個關鍵因素如下：

8.**時間界限**

時間界限爲工作進展提供了衡量標準。你可以用任意的時間單位（天、星期、月或管理項目的任何最有用的時間）來表達時間界限。在許多條形圖裏，時間界限沿著水平軸線（數學裏的X軸）出現。

9.**活動過程**

活動過程指團隊隊員從一個里程碑到下一個里程碑的個體活動。在條形圖裏，每一個活動過程都列出來，通常按時間順序編排，垂直沿著圖的左邊數學裏的Y軸出現。

10.**條形**

如果沒有條形，條形圖會是什麼樣子呢？或許是一個沒有條形的圖？條形是你在條形圖裏劃的空白，是用來表示每一個活動過程所用時間的長短。短的條形表示時間短，長的條形表示時間長。條形的妙處在於，當完成一個行動過程後，你就可以填充條形，對完成或沒完成的工作提供快速的參考。

我們再次以例子來表明條形圖的作用。下圖是一個典型的條形圖，這個圖表明瞭到達團隊預算第三個里程碑的過程。

圖 8-3 到達團隊預算第三個里程碑的過程的例子

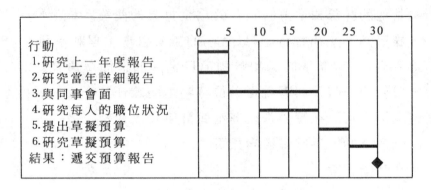

如上圖表所示，時間限制處在條形圖的頂端，時間界限從4月15日到6月1日，每一個增額代表一個星期。通過這7個活動過程可以到達條形圖左邊的第三個里程碑。最後，請看那些勻整的小條形，它們才是條形圖的核心。完成一個過程後就填一個條形，如果你喜歡的話可以給它們塗上顏色。

如果所有的活動過程都按條形圖完成，那麼第三個里程碑將會在7月1日達到。如果一些活動過程要比估計的時間長，那麼就不會準時到達里程碑，這樣一些人可能會處於困境當中。反過來，如果一些過程用的時間比估計的短，那麼就會提早到達里程碑。

甘特圖的優勢在於它的簡潔性，準備和使用都很輕鬆，而且成本低。甘特圖適合於準備預算這麼簡單的項目，它通常並不適合複雜的項目，比如建造太空船或計算稅款。

當進展艱難時，就應該用流程圖了。雖然條形圖對簡單項目有用，但它們不表現項目活動過程的相繼流程（因此，對複雜

的項目並沒有什麼用）。另一方面，流程圖能真正體現這種相繼流程。雖然流程圖看起來與條形圖完全不同，但他們也有三個關鍵因素：

活動過程在流程圖裏，活動過程通過箭頭來表示。箭頭從一件事情到下一件事情，直到項目被完成。

箭頭的長度並不表示活動過程的長短。流程圖中箭頭的主要目的是表明各種活動的相互關係。

活動進程在流程圖裏帶數字的圓圈表示活動進程，表明一個特定活動的結束。

時間限定把時間估算插入流程圖中每一個活動過程（箭頭）。通過在特定的活動過程上添加時間數量。

你就可以估計出完成一個活動過程的全部時間。

圖 8-4　團隊預算流程圖體例

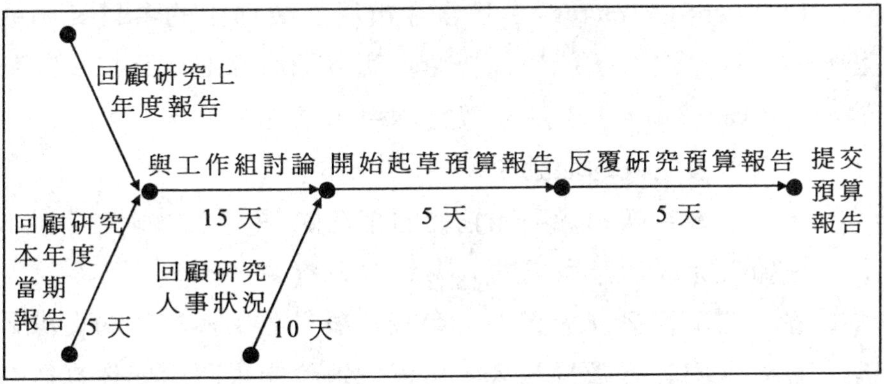

圖 8-4 就是用流程圖來展示表現團隊預算的例子。流程圖確切展現了一個活動過程與其他過程的聯繫。通過關注時間最長的過程，你就可以斷定出工作的關鍵階段，這種分析法稱為

關鍵途徑法(CPM)。這種分析方法還可推算每一個活動過程的確切時間。關鍵途徑法還可以指引活動,使你在最短時間內,如30天完成工作。

11. PERT

PERT,是程序評價和審查方法的縮寫,是 CPM 的一種變化形式。當不能準確估算完成每個活動過程的時間時,我們就使用 PERT。用一些非常有趣的統計方法(ZZZZ‥‥),PERT 把一系列時間平均,估算出每一個過程的時間。

12.軟體

幸運的是,對那些錯過在第十二年級上微積分的人來說,非常精彩的電腦和軟體世界已經深深影響了目標的衡量與監測。過去用來畫、擦、重畫等的工作時間,現在你只需要按幾個固定的鍵,就能輕而易舉地完成。

Microsoft Project,是當今市場上最傑出的項目計劃軟體的組合程序之一,能使你快速、簡單地設立並修改項目計劃表。用 Microsoft Project 設定項目,易如反掌。

・輸入被完成的活動。

・輸入一系列的活動和它們的相互關係。

・輸入完成活動所需的人力和財力資源。

在一個項目發展過程中,應該把項目開始與結束的實際日期、實際支出等等數據輸入。可以把這些結果印刷成你喜歡的形式,如表格、圖表或曲線圖,然後就留下它們以備將來參考。

13.項目的六個階段

一些管理技巧非常受歡迎,因此被複印,並在團隊隊員之

間、團隊與團隊之間，通過非正式的傳播渠道來傳閱，這種傳閱方式甚至勝過了許多企業的正式宣傳渠道。這些挖苦性的傳單、簡圖和漫畫使許多團隊隊員在工作地點找到幽默和輕鬆。下列關於項目六階段的傳單已經流傳了好幾年，我們這個複印件，好像至少是第五代的產品了：

- 熱情
- 理想破滅
- 驚惶失措
- 尋找過失
- 無辜受罰
- 給予沒有參與者的表揚和榮譽

結果與期望的比較期望的目標是什麼？假設目標是在 11 月 1 日完成成本效益分析，那麼成本效益分析實際上是什麼時候完成的呢？是在 10 月 17 日完成的，比最後期限提前了 14 天，太棒了！任務完成了，還有多餘的時間。

14. 表揚、指導或建議團隊隊員

如果工作做得正確，在預算範圍內，要及時祝賀工作突出的團隊隊員，要恰當地鼓勵他們：一份感謝便條，或帶薪休假一天，或正式表彰，你選定的任何形式都行。

15. 結果的記錄

記錄結果——或把它放在你保存的團隊隊員檔案裏或在電腦裏列印出來，然後貼在工作區裏。

然而，如果期望的結果沒有達到，找出原因，並想法保證下一次達到預期結果。如果團隊隊員只需要更多的支援和鼓

勵，就指導他們提高績效。你可以傾聽團隊隊員的意見，建議
他們求助於其他的團隊隊員，或提供自己個人的例子作為榜
樣。如果這個差的結果來自於一個更嚴重的錯誤，就要建議或
訓導團隊隊員。

16.測試你的新知識

績效衡量與監測的 MARS 制度的四個部分是什麼？

A. 可衡量的、積極的、相關的和有計劃的。

B. 里程碑、活動過程、相互關係和系統化。

C. 里程碑、活動過程、相互關係和計劃表。

D. 以上都不正確。

關鍵途徑是什麼？

A. 項目完成的最快途徑。

B. 干擾最小的途徑。

C. 完成項目的最長時間。

D. 項目中最困難的方法。

二、案例分析

實踐與理論相比，是青出於藍而勝於藍。我們已經論述了
衡量與監測團隊隊員績效的理論，現在我們必須把理論付
諸實踐。以下實例僅供消遣。每一個實例都是殊途同歸：為提
高團隊隊員績效。

幫助團隊隊員全力以赴

產品的數量或團隊隊員對利潤增長率的貢獻，不可能總能達到理想的結果。有時你只要求團隊隊員能準時上班，並且團隊隊員至少能在一天的八九個工作小時內，保持好的精神狀態。如果團隊隊員的精神狀態差，他們的生產能力也就較差。

在引用了「鮑勃獎勵團隊隊員的 1001 種方法」進行的團隊隊員民意調查中表明：79%的團隊隊員覺得工作優秀卻沒有受到獎勵，65%的團隊隊員覺得資方沒有尊重它們，56%的團隊隊員對工作感到悲觀。對於一個大團隊，這個結果並不確切！ 幸運的是，團隊經理們已經認識到存在的問題，以下是他們解決問題的方法。

步驟 1： 在理想行為基礎上建立計劃

在團隊內部建立一個新穎的百分俱樂部，是採取的第一個措施。他們建立百分俱樂部的目的是為了發揚光大一些行為表現。這些表現包括：

· 出勤率

· 準時率

· 安全率

計劃的目的是給團隊隊員打分。打分的標準是以上行為表現。這些標準是可衡量的，特定的。任何團隊隊員如果獲得總分 100 分的話，就會受到獎勵，獎品是一件印著「Diamond Fiber」商標和「百分俱樂部」字樣的尼龍夾克或是其他。

步驟 2： 給理想的行為評分

下一步就是對每一個理想的行為評分。根據團隊隊員是否

達到理想的行為，對他們進行加分或減分。例如，一年全勤的團隊隊員可以得到 25 分；全年都沒有正式違紀行為的得 20 分；一年中沒有工傷事故的團隊隊員得 15 分。當然提出節省成本和安全建議的，或加入社區服務計劃(如紅十字會的獻血活動或 the United Way)的團隊隊員也可以得分。

對每一種行為評分時，資方要保證分數與行為表現對企業的貢獻一致。儘管分數目標不是很容易就可以達到的，團隊隊員必須全力以赴。但是，資方也要同時保證，使團隊隊員不要因為不可能達到目標而變得消極。

步驟 3：團隊隊員績效的衡量與獎勵

Diamond Fiber 團隊計劃的中心就是，對團隊隊員的理想表現進行衡量與獎勵。主管與經理緊密地跟蹤團隊隊員的績效並對每一個事實作出評判。當團隊隊員達到渴望已久的 100 分時，他們被吸收為百分俱樂部的成員，並得到一件夾克。

你也許認為這個計劃是無價值的，誰會真正在意一件印著團隊標記和「百分部」三個字的夾克呢？當然是你的團隊隊員！本地銀行的一名出納員講述了這樣一個故事，一個曾到過這家銀行的 Diamond Fiber 團隊的團隊隊員，向銀行的顧客與團隊隊員自豪地展示了她的嶄新的百分俱樂部夾克，她說，「我的老闆因為我的工作表現好而授予我這件夾克。我在 Diamond Fiber 已經工作了 18 年，這是頭一次得獎，表明他們已承認了我做的工作。」

進一步講，在實行這個計劃的第一年裏，Diamond Fiber 節省了 520 萬美元，產量提高了 4.5%，相關質量問題下降了

40%。不僅如此，79%的團隊隊員還說，他們比計劃開始以前更關心工作的質量；73%的團隊隊員說，團隊更關心他們；令人驚奇的是，86%的團隊隊員說，團隊和資方認為他們是「重要的」或「非常重要的」。

打造你的成功團隊 培訓遊戲

遊戲名稱：叢林脫險

主旨：

團隊精神之所以被我們重視，是因為它能讓我們體會到集體的巨大力量，並在這種精神的帶領下，使集體中每個人的價值都得到充分的發揮，進而得到集體之中每個成員的認同。培訓師讓學員將個人智慧和團隊力量作比較，從遊戲中得到啟示：團隊的智慧高於個人智慧的平均組合；只要學會運用團隊工作方法，就可以達到更好的效果。

◎ **遊戲開始**

時間：30分鐘

人數(形式)：15人

材料準備：迷失叢林的工作表及專家意見表，教室及會議室

◎ **遊戲話術：**

誰能告訴我，什麼樣的決策才是最好的？集體的力量大於個人能力的總和，這條規則你能認同嗎？過去你對這條規則是怎樣認識的呢？贊成？反對？(示意舉手)

讓我一起迷失叢林吧！

◎遊戲步驟：

1.培訓師把「迷失叢林」工作表發給每一位學員，而後講下面一段故事：

你是一名飛行員，但你駕駛的飛機在飛越非洲叢林上空時突然失事，這時你必須跳傘。與你們一同落在非洲叢林中的還有 14 樣物品，這時你必須為此做出一些決定。

2.在 14 樣物品中，先以個人形式把 14 樣物品以重要順序排列出來，把答案寫在第一欄。(見後面的工作表)

3.當大家都完成之後，培訓師把全班學員編為 5 人一組，讓他們開始進行討論，以小組形式把 14 樣物品重新按重要順序排列，並把答案寫在工作表的第二欄，討論時間為 20 分鐘。

4.當小組完成之後，培訓師把專家意見表發給每個小組，小組成員將把專家意見填入第三欄。

5.用第三欄減第一欄，取絕對值得出第四欄，用第三欄減第二欄得出第五欄，把第四欄累加起來得出每個人得分，第五欄累計起來得出小組得分。

6.培訓師把每個小組的分數情況記在白板上，用於分析：

小組	全組個人得分	團隊得分	平均分
1			
2			
3			

7.培訓師在分析時主要掌握的關鍵地方：

找出團隊得分低於平均分的小組進行分析，說明團隊工作的效果(1+1＞2)。

討論內容：

1.你對團隊工作方法是否有更進一步的認識？

2.你的團隊是否出現了意見壟斷的現象，爲什麼？你所在的小組是用什麼方法達成共識的？

3.將下列表格內容列印給學員：

第一步：計算個人得分

第二步：計算團隊得分

第三步：統計小組中最低個人得分

第四步：計算個人得分低於團隊得分的總和

第五步：計算個人得分平均數

專家選擇

藥箱 6　手提收音機 13　打火機 2　　3 支高爾夫球杆 7 幾個大綠色垃圾袋 11　　指南針羅盤 14　　蠟燭 3　　手槍 12 一瓶驅蟲劑 5　　大砍刀 1　　蛇咬藥箱 10　　一盒輕便食物 8 一張防水毛毯 4　　一個熱水瓶 9

工作表

	物品清單	個人順序	小組順序	專家排列	個人和專家比較(3-1)	小組與專家比較(3-2)
1	藥箱					
2	手提收音機					
3	打火機					
4	三隻高爾夫球杆					
5	七個大綠色垃圾袋					
6	指南針					
7	蠟燭					

8	手槍				
9	一瓶驅蟲劑藥箱				
10	大砍刀				
11	索咬藥箱				
12	一盒輕便食物				
13	一張防水毛				
14	一個熱水瓶				

◎ **績效評估與討論：**

　1.第一輪的結果是什麼樣的呢？和你想像的有多大的區別呢？

　2.第二輪是個什麼樣的結果呢？第一輪的結果與第二輪的結果，那個更讓你滿意？爲什麼？

　3.遊戲結束後，你的感受是什麼？你的感受之源是什麼？

　4.這個遊戲教會了你什麼？

心得欄 ＿＿＿＿＿＿＿＿＿＿＿＿＿＿＿＿＿＿＿

＿＿＿＿＿＿＿＿＿＿＿＿＿＿＿＿＿＿＿＿＿＿＿

＿＿＿＿＿＿＿＿＿＿＿＿＿＿＿＿＿＿＿＿＿＿＿

＿＿＿＿＿＿＿＿＿＿＿＿＿＿＿＿＿＿＿＿＿＿＿

＿＿＿＿＿＿＿＿＿＿＿＿＿＿＿＿＿＿＿＿＿＿＿

＿＿＿＿＿＿＿＿＿＿＿＿＿＿＿＿＿＿＿＿＿＿＿

第 *9* 章
激勵你的團隊

　　激勵員工的過程，實際上就是發現並滿足人的需求的過程。只有給員工以滿意的激勵，才能促使他們有工作的壓力和動力，從而提高對公司的投入程度和效率。成功的團隊就是注重員工激勵，提升團隊績效。

案例研究

　　一位老闆接到一單大生意，必須在半天內把一批貨物搬運到碼頭去。任務相當重，他手下就十幾個夥計。怎麼辦呢？

　　這天一早，老闆親自下廚房做飯。開飯時，老闆給每一個夥計一一盛好飯，還親手捧到他們每個人的手裏。

　　夥計小江接過飯碗，拿起筷子，正要往嘴裏扒飯時，一股誘人的紅燒肉濃香撲鼻而來。他急忙用筷子扒開一個小洞，3塊油光發亮的紅燒肉捂在米飯當中。他立即扭轉身，一聲不吭地蹲到屋角，狼吞虎嚥地吃起來。這頓早飯，夥計小江吃得特別香。他邊吃邊想：老闆看得起我，今天一定要多出點兒力氣。

　　於是，搬運貨物時，他特意把貨裝得滿滿的，一趟又一趟，動作麻利的幹著，搬得汗流浹背。整個上午，其他夥計也都像他一樣十分賣力，個個搬得汗流浹背。本來一天的活，結果一上午就幹完了。

　　中午，夥計小江不解地偷偷問夥計小王：「你今天怎麼這麼賣力啊？」

　　小王反問小江：「你不也幹得那麼起勁麼？」

　　小江說：「不瞞你說，早上老闆在我的飯碗裏放了3塊紅燒肉啊！我總要對得住他對我的關照嘛！」

　　「哦！」夥計小王驚訝地瞪大了眼睛，說，「我碗底也有3塊紅燒肉啊！」

　　他們倆又問了別的夥計，原來老闆在大家的碗裏都放了肉。大家恍然大悟，難怪吃早飯時都不聲不響地吃得那麼香……

　　如果這碗紅燒肉放在桌上，讓大家一起夾著吃，這些夥計可能就不會這樣感激老闆了。但是換了一種方式，同樣這幾塊紅燒肉，同樣這些人，卻產生了完全不同的效果，這不能不說明老闆的高明。

　　而且這則故事也進一步說明，管理既是科學又是藝術。要管好人、激勵人，管理者必須用心去體會員工的需求，讓員工在意料之外，情理之中，獲得超出其預期的獎勵、獎賞或肯定。

　　期望決定行為，行為導致結果。你對員工抱有期望，並相信他的能力，員工便會受到鼓舞和激勵，以高度的熱情和加倍的努力來回報你。碗底的紅燒肉，不正說明了這一點嗎？

　　有關激勵的話題其實並不陌生，「楚王好細腰，宮中多餓死」，講的就是楚靈王喜歡苗條細腰的宮女，眾宮女為了得到楚靈王的寵愛而紛紛節食，結果個個餓得面黃肌瘦、弱不禁風，甚至為此葬送了性命。現實工作和生活中，你獎勵越多的行為，你得到的就越多，你得到的就是你所獎勵的。人和動物都會做對他(它)們最有利的事情，這是本能使然。你要求人們做出什麼行為，與其僅僅停留在希望、要求等口頭上，不如對這種行為做出明明白白的激勵來得更有效。

　　領導與管理的精髓，確實就是這樣一條最簡單明白卻往往被人遺忘的道理：你想要什麼，就該獎勵什麼。

　　古人早就發現：上有所好，下必甚之。作為一個管理者，

不論是古代的君王、官吏，還是今天的總統、經理，你獎勵什麼、懲罰什麼，無疑就是向世人昭示你的價值標準。你的下屬、員工，或者認同你的價值標準，努力做你希望他做的事，成為你所期望的那種人，或者不認同你的價值標準，遠走高飛，或者就是奉承拍馬，以討得你的歡心。除上述之外，恐怕沒有第四種可能了。

第一節　為什麼要激勵團隊成員

　　激勵的英文單詞是 Motivation，它含有激發、鼓勵、動力的意義，所謂激勵就是指個人在追求某種既定目標時的願望和願意程度。一個激勵的過程，實際上就是發現並滿足人的需求的過程，它以發現人的未能得到的需求和滿足開始，通過實施物質與精神等方面的激勵行為，最後以對方的需求得到滿足而告終。同時，當人的一種需求得到滿足之後，新的需求就會產生，這意味著下一個激勵循環的開始。

　　建立正確的、符合企業根本利益的、明確而不是模棱兩可的價值標準並通過激勵手段的具體實施明白無誤地表現出來，這應該是團隊領導中的頭等大事。其實，經理人的日常工作過程就是通過激勵團隊成員實現團隊目標的過程，從這個意義上說，激勵部屬和他人的能力是經理人必備的基本功，也是衡量經理人領導效能的一個重要標準。

一、激勵的功能

激勵是人力資源開發的有效手段，是激發下屬發揮潛能的基本措施，是點燃下屬工作激情的星星之火。其作用主要表現在以下幾個方面：

1.挖掘員工潛力

古人說「明察秋毫而不見車薪，是不為也，非不能也」，意思是說，能看到細微的小事物，卻說自己看不到一堆碩大的柴火，不是說真的看不見，而是不想看，不願意看。在日常工作中，如果你發現你的一個下屬明明有知識、有能力、有經驗幹好一項工作，而他卻說自己幹不了，或者在工作中表現平平、消極應付，那你就要從激勵的角度找原因了。而一個能力一般的人如果得到恰當的激勵，也可以做出令人刮目相看的業績，這就是激勵的作用。

哈佛大學的威廉·詹姆斯教授研究發現，部門員工一般僅需發揮出 20%~30%的個人能力，就足以保住飯碗而不被解僱；如果受到充分的激勵，其工作能力能發揮出 80%~90%。其中50%~60%的差距是激勵的作用所致，這一定量分析的結果非常值得我們深思。每當出現困難情況影響工作任務完成時，我們總是習慣於改善現有設備和環境條件，殊不知，下屬的身上還有如此巨大的潛力未被開發。如果我們把注意力集中在運用激勵手段鼓舞員工的士氣上，很多看似不可逾越的困難和障礙很可能會迎刃而解。

2.提高員工素質

激勵就像一個杠杆，它可以控制和調節人的行為趨向，恰當合適的激勵會給員工的學習、實踐和進步帶來巨大的動力，進而促進員工素質的不斷提高。如果對精誠敬業、業務專精、貢獻突出的員工進行獎勵，對馬虎應付、沒有業績、屢教不改的員工給予適當的懲罰，無疑能發揮獎一勵百、懲一儆百的作用，有助於員工明確奮鬥目標，認識自身的差距，努力提高業務素質和工作水平，促進團隊整體素質得到有效提升。

3.增強團隊凝聚力

行為學家研究表明：對一種個體行為的激勵，會導致或消除某種群體行為的產生。也就是說，激勵不僅僅直接作用於一個人，而且還直接、間接地影響到週圍所有的人。激勵有助於形成一種競爭氣氛，對整個團隊都有著至關重要的影響。所以，團隊領導者要善於發揮「標杆激勵」的作用，在團隊內部大力開展「比學趕超」的激勵運動，大張旗鼓地肯定、表揚與表彰積極、先進、創新的人和事，旗幟鮮明地批評、警告與懲戒消極、頹廢、不負責任、得過且過的人和事。只有這樣，才能樹立正氣，弘揚積極向上的團隊精神，營造實幹的團隊氣氛，增強團隊的凝聚力和戰鬥力。

二、激勵的原則

對於員工的激勵問題，由於公司的實際情況和經理人的領導風格不同，激勵政策和措施也會千差萬別。激勵政策與其他

管理制度的不同之處在於：激勵具有更大的風險性，如果它不給公司帶來正面的影響，就很可能帶來負面的影響。所以，經理人在制定政策和實施激勵行為時一定要謹慎，應該遵循和注意一些基本的原則。

1.因人而異

人的需求就像人的指紋一樣千差萬別，不同員工的需求不同，即便是同一位員工，在不同的時間或環境下，也會有不同的需求。所以，激勵要因人而異，並且因員工不同時期的需要而異。在制定和實施激勵政策時，經理人首先要調查清楚每個員工真正需求的是什麼，並將這些需求整理歸類，然後制定相應的激勵政策，達到「你所給予和激勵的正是他所最需要的」。

針對員工的需求量身訂制激勵措施，要求經理人提供的獎勵必須對員工具有意義，否則效果不大。每位員工能被激勵的方式不同，經理人應該模仿自助餐的做法，提供多元激勵，供員工選擇。例如，對上有父母、下有兒女的女員工而言，給予其一天的假期獎勵，比多發獎金或許更有吸引力；對於衣食無憂、渴望上進的單身漢，獎勵他們外出學習培訓則可能正是他們的最大願望。所以，在管理實踐中，經理人要努力避免激勵「大鍋飯」的做法，只有發現下屬的優先需求，設計個性化的激勵方案，才能最大限度地利用激勵資源，並達到激勵效果的最大化。

2.公平公正

「不患貧而患不均」可以說是人們的一個普遍心理，所以，無論是激勵政策的制定，還是激勵措施的實施，經理人都

要十分注意激勵的公平和公正。任何不公的激勵行為，那怕是你的一個眼神、一句讚揚的話，都會招來其他下屬的不滿和抱怨，進而影響到他們的工作效率和工作情緒，這就是我們通常所說的「表揚了一個人，打擊了一大片」，不僅起不到激勵的作用，還會起到負面的消極作用，浪費激勵資源，影響激勵效果。

因此，取得同樣成績的員工，一定要獲得相同層次的獎勵；犯了同樣錯誤的員工，也應該受到相同層次的處罰。不可親疏有別、厚此薄彼，如果做不到這一點，寧可暫時不激勵，也不能「賠了夫人又折兵」。這就要求經理人在對下屬實施激勵行為時，抱著一顆公平、公正的心，不帶任何偏見和傾向。即使是你不太喜歡的下屬，只要他們做出了成績，就應該得到正面的激勵；同理，即使是你喜歡的下屬，只要他們犯了錯誤或完不成目標任務，你也應該公正執法，讓他們得到應有的懲罰。

3.獎勵正確的事情

如果我們獎勵錯誤的事情，錯誤的事情就會經常發生。這個問題雖然看起來很簡單，但在具體實施激勵時卻常常被經理人所忽略。有一個流傳很廣的故事：漁夫在船上看見一條蛇口中叼著一隻青蛙，青蛙正痛苦地掙扎。漁夫非常同情青蛙的處境，就把青蛙從蛇口中救出來放了生。但漁夫又覺得對不起饑餓的蛇，於是他將自己隨身攜帶的心愛的威士忌酒讓蛇喝了幾口，蛇愉快地游走了。漁夫正為自己的行為感到高興時，突然聽到船頭有拍打的聲音，漁夫探頭一看，大吃一驚，他發現那條蛇正抬頭眼巴巴地望著自己，嘴裏還叼著兩隻青蛙。

「種瓜得瓜，種豆得豆」，漁夫的激勵起到了作用，但這

和漁夫的初衷是背道而馳的，本想救青蛙一命的漁夫，卻由於不當的激勵使更多的青蛙遭了殃。獎勵得當，種瓜得瓜；獎勵不當，種瓜得豆。經營者實施激勵最忌諱的，莫過於獎勵的初衷與獎勵的結果存在很大差距，甚至南轅北轍。比如有的上司口口聲聲說鼓勵大家創新思維，但是，在所謂的腦力激盪會議上，那些提出新穎觀點的下屬卻總是得不到上司那怕一句認可的話語，而那些順著上司意圖說話的奉承拍馬之輩卻總能輕鬆地贏得上司的表揚。有的上司可能不經意間表揚了一個下屬工作總結寫得漂亮，結果，所有的下屬都把精力放在寫總結報告上，久而久之，形式主義盛行，自我表揚氾濫，而這位上司卻不知道原因何在。

4. 及時激勵

　　不要等到發年終獎金時才打算犒賞員工，也不要總是在年終時才評選和表彰先進。在員工有良好的表現時，就應該儘快地給予獎勵。等待的時間越長，激勵的效果越可能打折扣。

「金香蕉獎」的啟示

　　美國一家名為福克斯波羅的公司，專門生產精密儀器設備等高技術產品。在創業初期，碰到了一個久久不能解決的技術難題，如果這樣下去，公司的生存很成問題。一天晚上，正當公司總裁為此大傷腦筋的時候，一位技術專家急急忙忙地闖進他的辦公室，說找到一個解決辦法。

　　聽完專家的闡述後，總裁豁然開朗，喜出望外，便想立即給予嘉獎。可他在抽屜中找了半天，只找到了早上上班時老婆

- 193 -

塞給他的一個香蕉，這時，他也顧不上多想，激動地把這個香蕉恭敬地送給了這位專家，並說：「吃了它，好補一補你的腦子！」這是他當時所能找到的唯一獎品了，技術專家為此很受感動，因為自己的努力得到了領導的肯定與讚賞。從此以後，這家公司授予攻克重大技術難題的技術人員的就是一個金制香蕉形別針。

激勵就要把握好「賞不逾時」的及時性：第一，當事人在渴望得到肯定的時候，你及時地肯定並獎勵了他，他當然會繼續加倍努力，以達到並超出你的期望；第二，領導的當場兌現表明了誠意，其他下屬知道後會立即效仿，大家就會爭相努力，以獲得肯定性的獎賞。這樣，在經理人的激勵之下，一個爭先恐後、幹事創業的團隊氣氛就慢慢形成了，而這正是各級管理者夢寐以求的事情。

心得欄 _____

_____

_____

_____

_____

_____

第二節　主管如何點燃員工激情

通常認為，給員工提供更高的薪酬、更好的待遇就可使員工快樂，達到激勵效果。金錢的確是激勵員工的主要因素，一個穩固優厚的報酬計劃對吸引、保留優秀人才非常關鍵，但在實踐中金錢並不總是唯一的解決辦法，在許多方面它也不是最好的解決辦法。在反對過分依賴金錢因素來激勵方面，管理大師彼德‧德魯克曾指出：「經理人必須真正地降低物質獎勵的必要性，而不是把它們當做誘餌。如果物質獎勵只在大幅提高的情況下才產生激勵的效果，那麼採用物質獎勵就會適得其反。物質獎勵的大幅增加雖然可以獲得所期待的激勵效果，但付出的代價實在太大，以至於超過激勵所帶來的回報。」

對於大多數經理人來說，行使加薪、升職等硬性的激勵權力有限，但有作為的經理人並沒有放棄激勵下屬和員工的努力，他們在管理實踐中，創造性地總結了不少行之有效的低成本甚至零成本的軟性激勵方法。

一、不斷認可

當員工完成了某項工作時，最需要得到的是上司對其工作的肯定。上司的認可就是對其工作成績的最大肯定。經理人對

下屬的認可是一個秘密武器,當下屬表現優異或者取得了那怕是微小進步的時候,上司不妨發一封郵件給員工,或是打一個私人電話祝賀下屬取得的成績,或在公眾面前跟他握手並表達對他的賞識。另外,拍拍員工的肩膀、寫張簡短的感謝便條等,這類看似微不足道的認可與鼓勵,比公司每年召開盛大的表彰大會的效果可能更好。

不懂激勵的主管

有一個員工出色地完成了任務,興高采烈地對主管說:「我有一個好消息,我跟蹤了兩個月的那個客戶今天終於同意簽約了,而且訂單金額會比我們預期的多 20%,這將是我們這個季度數額最大的訂單。」但是這位主管對那名員工的優異業績反應卻很冷淡:「是嗎?你今天上班怎麼遲到了?」員工說:「二環路上堵車了。」此時主管嚴厲地說:「遲到還找理由,都像你這樣公司的業務還怎麼做!」員工垂頭喪氣地回答:「那我今後注意。」一臉沮喪的員工有氣無力地離開了主管的辦公室。

通過上面的例子可以看出,該員工尋求主管激勵時,不僅沒有得到任何表揚,反而只因偶爾遲到之事,遭到了主管主觀、武斷的訓斥,致使這名員工的工作積極性受到了很大的挫傷。實際上,管理人員進行激勵並非是一件難事,對員工進行口頭上的認可,或通過表情的傳遞都可以滿足員工被重視、被認可的需求,從而收到激勵的效果。

二、真誠讚美

　　人總是吝嗇於自己的情感表達，對於讚美別人更是金口難開。其實，讚美下屬並不複雜，你隨時隨地都可以稱讚他們，如在會議上、正式或非正式的集會和宴會上等，任何可能之時都可以給予一句話的稱讚。最有效的做法就是走到下屬中間，告訴你的下屬：「這是一個令人激動的創意！」「你做得太棒了，再加把勁創造咱們公司的吉尼斯紀錄，到那時我要給你開慶功會。」……總之，要抓住任何一個立即傳達讚揚能帶來積極影響的機會。

　　《1001 種獎勵員工的方法》的作者鮑勃‧納爾遜說：「在恰當的時間從恰當的人口中道出一聲真誠的謝意，對員工而言比加薪、正式獎勵或眾多的資格證書及勳章更有意義。這樣的獎賞之所以有力，部分是因為經理人在第一時間注意到相關員工取得了成就，並及時地親自表示嘉獎。」

　　真誠的欣賞和善意的贊許是打動員工的最好方式。韓國某大型公司的一個清潔工，本來是一個被人忽視和看不起的角色，但在一天晚上公司保險箱被竊時，他卻與小偷進行了殊死搏鬥。事後有人問他為什麼會不顧自己的生死去保護公司的財產時，他說，公司的總經理從他身旁經過時，總是不時地讚美他「你掃的地真乾淨」。你看，就這麼一句簡簡單單的話，使這個員工受到了感動，並「以身相許」。這也正應了一句老話——「士為知己者死」。

三、榮譽和頭銜

為工作成績突出的員工頒發榮譽稱號，強調公司對其工作的認可，讓員工知道自己在某個方面是出類拔萃的，更能激發他們工作的熱情。

員工感覺自己在公司裏是否被重視是決定工作態度和員工士氣的關鍵因素。經理人在使用各種工作和榮譽頭銜時，要更有創意一些。可以考慮讓員工提出建議，讓他們接受這些頭銜並融入其中。從根本上講，這是在成就一種榮譽感，榮譽產生積極的態度，而積極的態度則幫助員工不斷進步並走向成功。比如，你可以在自己的團隊設立諸如「創意天使」、「智慧大師」等各種榮譽稱號，每月、每季、每年評選一次，當選出合適人選後，要舉行隆重適當的頒獎儀式，讓所有團隊成員為此而歡慶。

四、一對一指導

不少經理人往往擔心指導下屬會浪費自己的時間，其實，大多數情況下指導下屬正是經理人日常工作內容的一部分，而且，上司對下屬的指導意味著你關心他的發展，你非常在乎他們！這一資訊對下屬來說無疑是重要的，也是他們最為看重的。在指導的過程中，下屬會清楚地瞭解你對他們的期望，並強化上下級之間的關係和情感交流。

　　同時，作為員工來講，他們都希望瞭解自己的潛力是什麼，他們將有那些成長的機會，他們是否能夠從內部得到提升。所以，每隔一段時間，上司要抽出時間就下屬的職業發展與進步進行推心置腹的交流，並給予真誠的指導和幫助，這將使下屬看到自己的職業發展方向和希望，更能激發他們的工作熱情和積極性。

　　經理人可以建立一個員工職業發展指導記錄表，每季度、半年或每年與下屬就其職業發展問題交換意見。

表 9-1　職業發展指導記錄表

姓名	職業傾向討論	職業方向路徑	未來職業目標所需知識技能	現存差距	改善與加強建議
王×					
劉×					

韋爾奇的便條

　　讀過《傑克·韋爾奇自傳》的人，肯定對韋爾奇的便條式激勵管理記憶猶新。1998 年韋爾奇對傑夫·伊梅爾特(後來成為他的接班人)寫道：「……我非常賞識你一年來的工作……你準確的表達能力以及學習和付出精神非常出眾。需要我扮演什麼角色都可以——無論什麼事，給我打電話就行。」2001 年 2 月 19 日，傑克·韋爾奇又給傑夫·伊梅爾特寫了一張便條：「祝賀你——祝賀你在通用電氣醫療領域的經歷，祝賀你被選為世界上最好的公司的首席執行官，祝賀你在新的崗位上作為一個良好的開端。我早就知道你是好樣的——但是你比我想像的還

要好。我期望著為你吶喊加油,並且只要你覺得有必要,隨時都可以找我。」

在這本書的後面有韋爾奇從 1998 年至 2000 年寫給傑夫的便條。這些充滿人情味的便條對下級或者朋友的激勵讓人感動,而這種尊重和付出也帶來了韋爾奇所料想不到的巨大收穫。

五、領導角色和授權

授予員工領導角色,以表彰其表現,不僅可以有效地激勵員工,還有助於識別未來的備選人才。比如:讓員工主持簡短的會議;當某位員工參加培訓或考察後指派其擔任團隊培訓會議的領導,讓他對團隊成員進行再培訓;讓員工領導一個方案小組來改善內部流程;成立一個類似於「青年突擊隊」的團隊,並讓員工輪流擔當隊長等。

授權是一種十分有效的激勵方式。授權可以讓下屬感到自己擔當大任,感到自己受到重視和尊重,感到自己與眾不同,受到了上司的偏愛和重用。在這種心理作用下,被授權的下屬自然會激發起潛在的能力,甚至為此赴湯蹈火也在所不辭。

福特汽車公司在設計蘭吉爾載重汽車和布朗 II 型轎車的時候,大膽打破了那種「工人只能按圖施工」的常規,公司把設計方案拿出來,請工人們「說三道四」,參與設計決策並提意見。結果,操作工人總共提出了 749 項建議,經過篩選公司採納了 542 項,其中有的建議效果十分明顯。比如,以前裝配車架和車身,操作人員要站在一個槽溝裏,手拿沉重的扳手,低

著頭把螺栓擰上螺母。由於工作吃力而且不方便，因而往往幹得馬虎潦草，影響了汽車質量。工人格萊姆說：「為什麼不能把螺母先裝在車架上，讓工人站在地上就能擰螺母呢？」這個建議被採納後，既減輕了勞動強度，又使質量和效率大為提高。所以，經理人應該明白，對工作最有發言權的是你的員工而不是你自己，授權給下屬或權力下放，不僅能解決很多原來沒有解決的實際問題，更能夠激發下屬自動自發的積極性，因為這是他們被尊重與自我實現的機會。

六、團隊聚會

不定期的團隊聚會可以增強凝聚力，同時也有助於增強團隊精神，而這樣做最終會對工作環境產生影響，營造一個積極向上的工作氣氛。如中秋節前夕的晚會、元旦前的野餐、重陽節的爬山、婦女節前的出遊、員工的生日聚餐、團隊慶功會等，這些都可以成功地將員工聚到一起度過快樂的時光。同時，最好再將這些活動通過圖片展示、DV攝製等手段保留下來，放在公司或團隊的網站或網頁上，讓這些美好的回憶成為永恆，時刻給員工以溫馨的體驗與團隊歸屬的激勵。

七、主題競賽與活動

組織內部的主題競賽不僅可以促進員工績效的提升，更重要的是，這種方法有助於保持一種積極向上的環境，增強員工

對團隊和公司的忠誠感。一般來說，可將週年紀念日、運動會等作為一些競賽的主題，還可以以人生價值的探討、工作中的問題、價值創新、團隊合作、愛心互助等為主題開展一些讀書報告會、主題演講會、創意設計大賽、感恩之旅等活動，這些活動的舉辦無疑會給員工帶來快樂的感覺，活躍團隊的氣氛並強化團隊的凝聚力。

八、榜樣

標杆學習是經理人團隊領導的一個重要武器。榜樣的力量是無窮的，通過樹立榜樣，可以促進群體每位成員學習進步的積極性。雖然這個辦法有些陳舊，但實用性很強，一個優秀的榜樣可以改善群體的工作風氣。樹立榜樣的方法很多，有日榜、週榜、月榜、季榜、年榜，還可以設立單項榜樣或綜合榜樣，如創新榜、總經理特別獎等。

麥當勞的全明星大賽

麥當勞公司每年都要在最繁忙的季節進行全明星大賽：先由每個店選出自己店中的第一名，每個店的第一名將參加區域比賽，區域中的第一名再參加公司的比賽。整個比賽都是嚴格按照麥當勞每個崗位的工作程序來評定的，由公司中最資深的管理層成員作為裁判。

競賽期間，員工們都是早來晚走，積極訓練，大家都期望能夠通過全明星大賽脫穎而出，莫定自己個人成長和今後職業

發展的基礎。發獎的時候。公司主要高層領導都親自參加頒獎大會，所有的店長都期盼奇跡能出現在自己的店中，因為這是他們的集體榮譽。很多員工在得到這個獎勵後也非常激動，其實獎金也就相當於一個月的工資，但由此而獲得的榮譽感卻是巨大的。

九、目標與願景

　　為工作能力較強的員工設定一個較高的目標，並向他們提出工作挑戰——這種做法可以激發員工的鬥志，激勵他們更出色地完成工作。同時，這種工作目標挑戰如果能適當結合金錢激勵，效果會更好。一家外國公司為了迅速拓展市場，制定了一個大膽的目標：2005 年要比 2004 年銷售額翻一番。根據這種產品和當時的市場競爭狀況，大家心裏都覺得難以完成任務。但目標下達之後，按照銷售政策，公司購置了寶馬、奧迪、本田、現代等樣車放在公司樓下作為獎勵，每一輛車上都清晰地標註著要完成的銷售額。事實是 2005 年底，該公司以超出預定目標 60%的比例超額完成了任務，創造了該類產品和該公司亞太銷售的奇跡。

　　卓越的領導者是一個卓越的夢想和願景的佈道者。他們經常以鼓舞員工的方式傳播公司的願景，給予員工實實在在的責任。而且，他們對員工的每次成功都給予認可和獎勵。

十、傳遞激情

自稱是「激情分子」的傑克‧韋爾奇登上通用電氣總裁寶座時說:「我很有激情。通過我的激情來感染我的團隊,讓我的團隊也有激情,這才是我真正的激情所在。」傑克‧韋爾奇為把自己的激情傳遞給他的團隊,凡是出差到分公司,無論時間再緊張,身體再疲勞,他也要抽出一定的時間,給分公司所有員工講話,除了專業知識以外,他還告訴他們如何看待自己的職業生涯,應具備什麼樣的態度,如何使自己準備好,如何提升自己的信心。傑克‧韋爾奇的每一次演講總能讓聽者熱血沸騰、備受鼓舞。

表 9-2 激勵菜單

零成本或低成本激勵菜單
1.真誠地說一聲「你辛苦了!」;
2.真誠地說一聲「謝謝你!」;
3.真誠地說一聲「你真棒!」;
4.由衷地說一聲「這個主意太好了!」;
5.有力地拍一拍下屬的肩膀(女性要注意分寸);
6.一個認可與信任的眼神;
7.一次祝賀時忘情的擁抱;
8.一陣為分享下屬成功的開懷大笑;
9.寫一張鼓勵下屬的便條或一封感謝信;

10.及時回覆一封下屬的郵件;
11.祝賀下屬生日的一件小小禮物;
12.一條祝福和問候的短信;
13.一次無拘無束的郊遊或團隊聚會;
14.一場別開生面的主題競賽;
15.一個證書、一枚獎章、一朵鮮花……

員工激勵自我訓練要點:

1. 我是一個善於激勵下屬的領導者嗎?

_____

_____

2. 我是否固執地認為,激勵就是加薪和升職? 為什麼?

_____

_____

3. 我經常使用的激勵方法和手段有那些? 這些方法的效果如何? 還應該採取那些更為有效的激勵措施?

_____

_____

4. 我瞭解下屬的渴望和需要嗎? 我是否設法滿足這些合理的需要?

_____

_____

5.在激勵的過程中，我是否做到了差別激勵？我應該如何改變激勵「大鍋飯」的狀況？

_____

_____

6.隨著人們物質生活水平的提高，人們的精神需求越來越迫切。在心理和情感、實現自我價值、團隊歸屬感等方面，我還應該設計和實施那些有效的激勵手段？

_____

_____

7.低成本甚至零成本的激勵方法很多，在這方面我還應該有什麼作為？

_____

_____

8.我是否應該重新系統學習一下有關激勵方面的理論、方法、原則和技巧，以便更有效地掌握激勵下屬的精髓？

_____

_____

9.我是否應該回顧一下自己的團隊激勵的做法和現狀，然後精心設計、制訂、實施一個系統的團隊和個人激勵計劃？

_____

_____

　　沒有激勵的團隊猶如沒有太陽的天空。為了點燃下屬和團隊的希望之火。形成高效個人和團隊的燎原之勢，我應該有所作為，我必須現在開始行動！

第三節　如何用激勵促動員工

讓管理層成為百萬富翁 google 的股權激勵

1998 年 9 月，布林和佩奇在加利福尼亞州一個朋友的車庫成立 Google。早在 1999 年，他們已經引入了全員持股的做法，即每一位為公司服務的員工，那怕級別再低，都能獲得一定的股票期權。這種做法吸引了一大批有能力且忠實的員工。

「我們的員工將自己稱作 Googler(Google 人)，我們應該厚待他們。」Google 在 IPO 的招股書這樣寫道。在上市之前，Google 當時全部 2292 名員工從高級經理到行政助理，都獲得了公司派發的股票期權。Google 的股權共約 1.7 億股。自從 2002 年到 2004 年 6 月 30 日，Google 向員工派發了 2 千多萬股股權，很多價格都在 49 美分以下，平均每股作價 5.21 美元。2004 年 8 月這個世界上最大的搜索引擎公司 IPO(首次公開募股)以來，Google 的股價一直看漲，截止到 2005 年 9 月 23 日，已上漲到 314.68 美元一股，則上述 2 千多萬股期權眨眼間將變成 60 多億美元，這意味著近 3000 名 Google 員工平均每人至少擁有價值 240 多萬美元的股票。而對於在 Google 已服務了四至五年的老員工、高級管理人員，他們獲得的股票價值將更高。全員持股實際上是 Google 兩位創始人布林和佩奇一直堅持的管理理念。

　　像許多矽谷裏的創業投資公司一樣，Google 授予員工多少股票期權，取決於其什麼時候開始為公司服務、談判的技能、薪金以及在公司內擔任的職務等標準，因此單個人持有的公司期權，存在著天壤之別。Google 給每個員工股權的價格也是不一樣的。有的股權以不足 1 美元一股，而有的高達 121.50 美元一股。如果資本市場上 Google 實際的股價低於 Google 員工內部買入價，那麼員工持有的股權將一錢不值。同時，員工獲得的期權能套現的時間要求也不一樣。有的老員工獲得的期權是既定的，可以伺公司上市，立即將其手中的股權套現。而有的員工必須等到 180 天以後才能賣掉自己的股權或行使其他的權利。但是 Google 的員工並沒有為此感到憎恨，因為他們和創始人一樣也因為 IPO 變得富裕。

　　當然，股權激勵只是激勵手段中的一種，但 Google 股權激勵而帶來的公司蓬勃生機，無疑給企業管理者深刻的啟示：激勵是煥發員工工作激情和對公司認同感的最佳途徑，管理就要善於運用激勵！

　　激勵一直都是管理學家們和行為學家們重點研究的課題，同時也是企業人力資源中很重要但又比較難處理的一個問題，那麼激勵為何會如此重要呢？

　　日本的經營之神松下幸之助的用人之道一文中看到這樣一段話：經營的原則自然是希望能做到「高薪資、高效率」，他認為只有給員工較高的薪資，才能提高員工的工作意願和主動性，然後才能達到工作的高效率，最終促進公司的發展。當然，

高工資只是激勵的一種，但卻說明只有給員工以滿意的激勵，才能促使他們有工作的壓力和動力，從而提高對公司的投入程度和效率。優秀的公司，無疑不是講究激勵的公司，雅芳就非常重視對員工的激勵，雅芳是一個很重視人的公司，其激勵機制可歸結爲四點：

1.保留人才下本錢

雅芳在 1998 年由直銷轉型時，曾一度陷入危機，爲留住人才，在尋求解決問題的方案同時，公司引入住房福利並爲關鍵員工提供優厚薪酬。這使它在最艱難的 1998 年，人才流動率只有 14.9%，保持了在人才市場上的競爭力。

2.投資於人不慳吝

雅芳對剛畢業大學生的培訓長達 1 年，而見習人員的培訓也有 6 個月，通常送他們到國外學習 EIBS 和其他各種 MBA 課程，亦可選擇攻讀其他與工作相關的課程，費用全部由公司支付。

3.獎勵成績不小氣

雅芳對員工的獎勵在業界是罕有的，每年評選全球銷售獎得主和 CEO 獎勵計劃得主，最高獎金相當於 3 年的工資，這在人才市場上頗具競爭力。

4.鞭策激勵不鬆勁

雅芳推行 PDP（績效發展計劃），其績效考核精細到 1 分，定期對員工的工作目標和實際表現、成績作出評價，對經理人員的考評尤其嚴格，不單看業績，還看是否有效使用 PDP 工具考評下屬，形成共識並以書面形式表達等，若在總體滿意程度

之下,不發獎金,亦不漲薪,而以違規方式,比如以不正當方式促銷產品提升業績,擾亂市場,影響公司長遠利益的,視情況嚴重程度給予停薪停職或降薪降職處理。

不僅雅芳如此,諾基亞、摩托羅拉、格蘭仕等優秀公司在激勵方式上無不有自己的一套,對於這些公司來說,只有懂得激勵才能提高效率,也才能促進公司的發展。

某國內知名管理論壇的專家認為,激勵至少具有四個方面的作用:

1.吸引優秀的人才到企業來

在許多企業中,特別是那些競爭力強、實力雄厚的企業,通過各種優惠政策、豐厚的福利待遇、快捷的晉升途徑來吸引企業需要的人才。

2.開發員工的潛在能力,促進在職員工充分發揮其才能和智慧

美國哈佛大學的詹姆士(W.James)教授在對員工激勵的研究中發現,按時計酬的分配制度僅能讓員工發揮 20%~30%的能力,如果受到充分激勵的話,員工的能力可以發揮出 80%~90%,兩種情況之間 60%的差距就是有效激勵的結果。管理學家的研究表明,員工的工作績效時員工能力和受激勵程度的函數,即績效＝F(能力×激勵)。如果把激勵制度對員工創造性、革新精神和主動提高自身素質的意願的影響考慮進去的話,激勵對工作績效的影響就更大了。

3.留住優秀人才

德魯克(P‧Druker)認為,每一個組織都需要三個方面的

績效：直接的成果、價值的實現和未來的人力發展。缺少任何一方面的績效，組織註定非垮不可。因此，每一位管理者都必須在這三個方面均有貢獻。在三方面的貢獻中，對「未來的人力發展」的貢獻就是來自激勵工作。

4. 造就良性的競爭環境

科學的激勵制度包含有一種競爭精神，它的運行能夠創造出一種良性的競爭環境，進而形成良性的競爭機制。在具有競爭性的環境中，組織成員就會收到環境的壓力，這種壓力將轉變爲員工努力工作的動力。正如麥格雷戈所說：「個人與個人之間的競爭，才是激勵的主要來源之一。」在這裏，員工工作的動力和積極性成了激勵工作的間接結果。

相反，如果不重視激勵就可能會有災難性的後果，2001年，有50餘年輝煌歷史的美國寶麗來公司破產了，其原因是多方面的，但重要的一條是該公司實行平均主義的分配制度。銷售業績不同的員工獲得基本相同的收入，於是能人流失，庸人留下。無獨有偶。IBM公司衰落的原因之一也是缺乏有效的激勵機制，郭士納正是在變革了平均主義的分配方式後，才使這頭大象翩翩起舞，所以說企業的業績與激勵機制休戚相關。

如果說管理是一種藝術的話，那麼激勵就是這門藝術的核心了。企業最終的競爭力來自員工，在「以人爲本」的經營時代，只有不斷開發出新的激勵模式，才能夠保證企業在經營中不斷創新，並把這種創新轉化成新的競爭力，在殘酷的競爭中後來居上，從優秀走向卓越。

第四節　團隊激勵的一般方法

團隊激勵的一般方式有競爭激勵、獎勵激勵、個人發展激勵和薪酬激勵。

一、競爭激勵

競爭可以使團隊的表現越來越出色，可以強烈地刺激每一位團隊成員的進取心，使他們力爭上游，發揮出最大的潛能。需要強調的是，競賽激勵是要鼓勵先進，促進發展，而不是進行「優勝劣汰」，對於後進者應當通過合作給予「幫助」。競爭激勵的方式主要有以下幾種。

1.優秀員工榜

優秀員工榜是很多團隊都採取的一種激勵方式。優秀員工榜可以分月評和季評，但絕不是輪流坐莊，否則，就達不到預期的效果。對於優秀成員，可以把他的照片放大粘貼在醒目的位置，這對他是一個很大的精神鼓勵。

2.競賽

競賽的方式有很多，例如，設立全團隊的業績排行榜，每個月或每個季度將成員的銷售業績或生產業績進行排名，對排名第一的給予獎勵。也可以設「榜主獎」，對連續三個月都名列

第一的給予重獎。類似的競賽方式還有銷售額比賽、質量比賽、利潤比賽、明星大賽等。通過採取這些競賽的方式，同樣也可以起到激勵團隊成員的作用。

競爭激勵方式的特點在於：①活躍工作氣氛，提高工作效率；②方法簡單，操作方便。採用競賽激勵方式要注意以下幾點：①要瞭解團隊成員目前最關注的需要和目標；②進行比賽要有一定的組織文化氣氛；③獎勵要有一定的誘惑性；④比賽時的規則不要太複雜；⑤活動結束後應儘快以公開形式進行獎勵。

3.職位競選

職位競選也是許多團隊在內部實行的一種激勵方式。可以通過讓成員提供相關的職位方案，或進行職位演講，讓所有成員對心目中的人選進行投票，從而確定團隊中最能勝任此項工作的成員。

成功的鐘聲

在施樂公司有一個老式的船長鐘，這個鐘被裝在公司接待處與業務代表的辦公區之間。只要某位業務代表簽下一份訂單，他就可以用力地、大聲地敲響那個鐘。這使得每個談成生意的業務代表都能立即獲得認同與感謝；同時，也對那些沒有機會敲鐘的業務代表施加壓力，他們雖然會強裝笑臉地從桌子後面抬起頭來，對談成生意的代表表示祝賀，但他們會在心裏告訴自己：「我也可以做到，所以我要趕快想辦法。」

二、獎勵激勵

獎勵有時要比競爭或壓力更能影響人的行為。然而，在團隊管理中最困難的是如何設計合理的獎勵制度和採用恰當的方式。獎勵要恰到好處，過於頻繁，或者給予大於應得，就有可能適得其反。獎勵激勵的方式通常有以下幾種。

1. 加薪

加薪是一種較普遍的激勵方式。應當將基本工資、津貼、獎金結合起來，為團隊提供一個有競爭力、公平、有依據的總體獎勵制度。加薪分為兩種形式：一種是加獎金、津貼，這主要是針對短期內的優秀表現者；另一種是提升基本工資，以獎勵穩定的傑出貢獻者、努力工作者或服務到一定期限的員工。要注意，如果領導者不管成員有何「功績」，一律嚴格控制其加薪，或者獎勵過於主觀，工資上限似乎太「大方」，在這些情況下都會產生負面效應，即會導致團隊成員灰心喪氣，精神不振，甚至會發生人員流失。

2. 公司股份與期權

分配公司的股份和期權是一種較為普遍的激勵方式，它是以公司若干股份作為獎勵，讓成員以股權、股票的方式持股。通過這種股權激勵的方式，可以讓成員感覺到自己在團隊中的主人翁地位。但由於股權變化比較靈敏，有時候代價會很高，操作的難度也相對較大。

3.旅遊

旅遊激勵屬於較高層次的獎賞，這需要員工離開工作崗位。組織起來比較耗費時間和精力，且成本較高。

4.休假

休假很重要，關係到團隊成員的休整放鬆和生活、工作的質量問題。假期的長短和時間的選擇以及公眾假日，都可以用來激勵成員。

5.津貼和福利

津貼和福利通常是指經濟上的獎勵，包括優惠的住房、車輛或幫助貸款，支付各項保險，如意外保險、人身保險和旅行保險等。

6.其他形式的獎勵

獎品、「出其不意的認可」等形式的獎勵也已成為領導者激勵團隊成員的方法。這樣的激勵形式很多，例如，舉辦「員工狂歡夜」，與員工合影，團隊共進午餐，重新裝飾工作場所，頒發證書，給予特殊成就獎等。

三、個人發展激勵

在團隊管理中，最好的激勵方式是對成員個人發展的激勵。個人發展激勵將團隊成員自我發展的目標與團隊的目標融為一體，具有長久性、持續性和穩定性的特點，有利於團隊的長遠發展。個人發展激勵有以下幾種主要方法。

1.職業發展

職業發展的激勵方法是指公佈明確的職業生涯發展路徑，鼓勵成員向更高一級的臺階邁進。例如，爲員工制定個人的專項職業發展計劃，並提供相應的便利條件，爲他們搭建施展才華的平臺或機會。同時還要提醒員工，個人的發展應與團隊的戰略和方向相一致。每個團隊成員都會關注自己職業生涯的發展，薪資在高成就需要的成員心目中往往是次要的，他們更看重的是個人未來的發展前景。

2.目標激勵

在組織制度上爲員工參與管理提供條件，這樣更容易提高員工工作的主動性。管理者要爲每個崗位制定詳細的崗位職責和權利，要讓每一個員工都參與到制定工作目標的決策中來，讓他們在工作中享有較大的決策權和自主權，讓他們感到自尊和自信，這樣，員工的工作熱情自然就會高漲。

3.晉升或增加責任

晉升主要是指團隊中的升職和升級。在採用這種激勵方式時，要注意晉升制度中的公開、公平、公正的原則，創造科學的人才選拔和競爭機制。

增加責任的方法主要有：領導項目任務小組；承擔教學或指導工作的任務；給予特殊任務並放手讓他去做；參與重大決策；授予榮譽職務。

晉升或增加責任的激勵方式如果運用得當，其激勵效果非常明顯。但該方式有可能受到職位數目的限制，甚至會因爲增強一些人的個人地位而給團隊的合作帶來副作用。另外，這種

方法難以重覆使用。

4. 培訓或其他學習機會

培訓或其他學習機會也可以作爲對成員傑出貢獻的獎勵。挑選優秀的員工去參加同行的專業或學術研討會，可以使員工擴大知識範圍，學習新的技能，並擴寬與同行之間的交往，同時也爲團隊的發展帶來全新的視角。安排員工進行培訓或攻讀學位能夠使員工承擔更大的責任和接受更具挑戰性的工作，並爲其提升到更重要的崗位創造條件。在許多著名公司裏，培訓已經成爲一種正式的獎勵。例如，豐田汽車製造廠在廠房中設立專門的區域讓員工進行學習，想要提高自己的水平或承擔更大責任的員工。可以利用業餘時間在學習場地中獲取能提高能力、增長知識以及讓自己挑起新擔子的資訊。

87%的員工認爲給予員工特殊的在職培訓是一種積極的激勵方式，但它花費較高，且在一段時間內影響正常工作。

5. 工作內容激勵

用工作本身來激勵員工是最有意思的一種激勵方式。如果能讓員工從事他最喜歡的工作，他就能產生工作的激情和興趣。因此，管理者應該瞭解員工的特長和愛好，讓他將職業和個人的興趣結合起來，把工作當成事業來做，全身心地投入，這也是個人價值實現的最理想狀態。該方式能夠將個人目標、自我發展與團隊工作、組織目標聯繫起來，使員工充分享受工作過程帶來的樂趣。

6. 組織榮譽

不管是成爲明星個人的榮譽，還是成爲明星團隊的榮譽，

都非常令人振奮和鼓舞，並能提高團隊的士氣。爲了激勵團隊
成員，一些團隊建立了關於成員出色業績和成就的表彰體系，
如領導者親自表揚和感謝，在內部刊物上發表貼有成員照片的
文章，以廣告形式公開表彰，授予團隊榮譽稱號等。

四、薪酬激勵

根據國外調查，在對影響員工生產率的 80 項激勵方式所
進行的研究中，以報酬作爲刺激物使生產率水平提高的程度最
大，達到 30%，其他激勵方法僅能提高 8%~16%。

薪酬激勵不僅能夠滿足團隊成員的生活需要，還能傳遞組
織戰略和團隊追求方向等資訊，引導團隊成員按照團隊目標的
要求行事。同時，薪酬激勵也是表彰團隊成員個人貢獻，使其
個人價值得以體現的較佳方式，還是創造團隊合作環境的關鍵
因素。因此，必須強調用薪酬激勵方式來激勵團隊成員的重要
性，必須設計科學的薪酬激勵機制來促使成員按照團隊目標的
指引努力工作、積極合作，從而增強團隊的協同效應，提升團
隊的整體績效和產出水平。

1.團隊的薪酬支付方式及其存在的問題

在團隊體制下，成員的薪酬支付一般包括三個方面：基
薪、激勵工資以及非貨幣報酬。其中，基薪包括基本工資和績
效工資(即基薪調整)，基薪的支付可採用職位工資制，也可採
用技能工資制；激勵工資包括以個人業績爲基礎的獎勵部分和
以團隊績效爲基礎的獎勵部分，而後者一般又包括團隊目標獎

勵計劃、利潤分享計劃及收益分享計劃等類型；非貨幣報酬主要是指團隊成員享受的各種福利。這裏重點分析貨幣報酬部分。

⑴**基本薪酬**

在傳統的薪酬支付結構中，基薪部分大多是以工作職位為基礎支付的，並根據員工績效、工齡以及物價水平作定期或不定期的調整，但員工之間的調整額度差別不大，因此基薪通常不具有激勵作用。然而，團隊成員工作的相互依賴性以及工作職位和角色的多樣性，均對以職位為基礎的基薪支付方式提出了挑戰。因此，在團隊成員薪酬支付體系中引入基於員工知識和技能水平的技能工資制已是勢在必行。

應當注意的是，在引人技能工資制之前，管理者必須明確兩個問題：什麼樣的知識和技能是團隊需要的？如何考評員工的知識和技能？

⑵**個人導向和團隊導向的薪酬激勵**

團隊工作的特性在於，成員相互依賴，共同創造一個產出，這使得成員個體對團隊績效的貢獻較難以衡量。因此，原有的以個人績效為基礎的薪酬激勵計劃從總體上來說不利於成員為團隊目標的達成共同付出努力，破壞了團隊的協作氣氛，必須設計以團隊績效為導向的薪酬激勵方案。在這裏，又必須區分團隊成員全力投入團隊工作與在團隊中兼職這兩種情況。對於前者，應採用單純以團隊業績為導向的薪酬激勵計劃；對於後者，則必須採用以本職工作的個人業績為導向和以兼職工作的團隊業績為導向相結合的薪酬激勵計劃。

⑶團隊目標激勵計劃

在這種薪酬激勵計劃中，每位成員只有在實現預先設定的團隊目標以後才能獲得預先設定的獎金，只要團隊目標未能達成，單個成員再努力也不能獲得獎金。對於這一方案，應當強調兩個方面的問題：

一是團隊目標如何設定？如何保證目標的可行性以及成員的一致接受？如果團隊成員認為自己無法影響團隊目標的實現，那麼對他的激勵將是無效的。

二是獎金如何在成員之間分配？是平均分配？還是根據成員貢獻大小分配？或是根據每個成員基薪佔團隊基薪總額的比例分配？如果是平均分配，則會導致成員的搭便車行為。如果根據成員貢獻大小分配，那麼如何準確評價個人貢獻？如何避免成員之間的惡性競爭？如果根據成員基薪佔團隊基薪總額的比例來分配，那前提就是假定拿高工資的人比拿低工資的人對組織的貢獻更大，但這一假定是否必然成立？也就是說，事實是不是這樣？團隊成員是不是認可？

⑷利潤分享計劃

利潤分享計劃是根據團隊生產所獲利潤的大小，按照一定比例分配給團隊成員薪酬的支付方式。目前的利潤分享計劃通常有兩種形式：現金支付和延期支付。這種計劃存在著兩個關鍵的問題：

一是如何確定最優的利潤分享率？是按照固定比例法、比例遞增法還是利潤界限法？

二是存在著與團隊目標激勵計劃一樣的問題，即如何在團

隊內部分配獎金？

　　從上述分析中可以看到，以個人績效為導向的薪酬支付方式不利於團隊合作，也因個人績效無法低成本地考核而較難付諸實施；而以團隊績效為導向的薪酬支付方式存在的突出問題就是，在團隊內部平均分配獎金總額會使得成員個人難以發現自己的績效與激勵薪酬確切掛鉤，因而可能會挫傷團隊成員工作的積極性。因此，必須通過更加科學有效的薪酬激勵方式來提高團隊成員的努力水平並促使成員之間相互協作。

2.支持高績效團隊運作的薪酬支付體系

　　支持高績效團隊運作的薪酬支付體系應具備那些基本特徵呢？也就是說，科學、合理的團隊薪酬激勵機制的設計應遵循那些原則呢？其原則包括：促進企業的可持續發展；強化企業的核心價值觀；支持企業戰略的實施；有利於培養和增強企業的核心能力；有利於營造回應變革和實施變革的文化。有效的薪酬支付體系應當達到以下幾方面的要求。

⑴支援組織的商務戰略

　　這是薪酬支付體系設計中最基本的原則。美國學者麥克阿丹和豪克(McAdams & Hawk)的研究結果表明，薪酬支付的激勵目標與組織的總體戰略目標聯繫越緊密，員工滿意度、團隊合作以及組織的績效水平就越高。因此，必須保證目標導向激勵計劃中的團隊目標設置與組織戰略相匹配。

⑵與組織架構、組織績效考核體系相匹配

　　佈雷克利等人在其《管理經濟學與組織架構》一書中強調，組織架構的三大部件為：決策權利分配、獎勵系統以及業

績評估系統。三個部件如同一個凳子的三條腿,只有三條腿相互匹配,凳子才會平衡。

(3)與組織文化相適應

人的工作,除了要達到「人職匹配」,還要達到「人企匹配」,即達到與組織文化的融合,這是與能力並列的、必須在人才配置中實施的重要內容。因為一個組織的薪酬支付體系與該組織的文化是相互影響、相互塑造的,只有兩者協調統一,才能有效地發揮薪酬支付體系的激勵作用。例如,如果組織十分青睞於培養團隊精神,那麼就應側重使用團隊激勵計劃;如果組織注重知識資源的豐富以及核心技能的積累,那麼就應側重使用技能工資制。

(4)保證薪酬支付體系的內部協調

薪酬支付體系不僅強調與外部條件相匹配,還應強調支付方式的多樣化以及不同支付方式間的有機組合。具體而言,包括以下三項原則:

①個人導向與團隊導向相結合。只重前者,不利於團隊合作精神的培養以及積極協同效應的產生,同時,個人績效考核的成本也較高;只重後者,不利於促進成員個人的工作積極性,難以避免搭便車行為。因此,應二者兼顧。

②績效工資制和技能工資制相結合。個人績效難以考核,而以團隊績效為基礎的薪酬支付方式又忽略了個人貢獻的大小以及知識、技能水平的差異,不利於有效地激勵團隊成員。因此,引入技能工資制並尋求其與績效工資制的優化組合,有助於塑造高績效的團隊。

　　③既注重一次分配，更注重二次分配。一次分配是指組織賦予團隊的整體報酬，二次分配是指團隊成員內部的再次分配。實際上，團隊內部的二次分配更為重要，因為只有滿足了團隊成員對內部公平的追求，才能有效地激勵團隊成員，匡正其社會惰性行為。

　　自我測試：

你善於運用激勵手段嗎？

　　根據以下從「完全不同意」到「完全同意」的四個得分標準，對下面 20 個問題分別打分，該分數一定要最符合你的看法。

　　完全不同意　　有點不同意　　有點同意　　完全同意

　　　　0　　　　　　　1　　　　　　　2　　　　　　　3

　　1.團隊成員的工作做得非常好，其工資應立即增加。（　）

　　2.好的工作寫實很有價值，它使團隊成員知道該做什麼工作。(工作寫實：詳細寫明一個團隊成員所承擔的職務和責任及主要的工作方法)（　）

　　3.團隊成員記住：他們是否繼續工作下去，要看公司能否進行有效的競爭。（　）

　　4.管理人員應關心團隊成員的工作條件。（　）

　　5.管理人員應在團隊成員當中盡力營造友好的氣氛。（　）

　　6.工作績效高於標準的團隊成員，應予以表揚。（　）

　　7.在管理上對人漠不關心，會傷害人的感情。（　）

　　8.要使團隊成員感到，他們的技能和力量都在工作中發揮出來了。（　）

9. 退休金與補貼的合理發放和團隊成員子女的工作安排是使成員安心工作的重要因素。( )

10. 幾乎可以使每種工作都具有激發性和挑戰性。( )

11. 許多團隊成員都想在工作上幹得非常出色。( )

12. 領導者在業餘時間安排社會活動，這表明他對團隊成員的關心。( )

13. 一個人對工作感到自豪，就是一種重要的報酬。( )

14. 團隊成員希望在工作上能稱得上是「佼佼者」。( )

15. 非正式群體中的良好關係是十分重要的。( )

16. 個人獎勵會改進團隊成員的工作績效。( )

17. 團隊成員要能和高層管理人員接觸。( )

18. 團隊成員一般喜歡自己安排工作，自主決定，不需要太多的監督。( )

19. 團隊成員的工作要有保障。( )

10. 團隊成員要有良好的設備進行工作。( )

評分標準：

將你所選的各個選項的分數相加，得出測試的總分。

1. 得分在 41~60 之間，表明你十分瞭解激勵對於管理的重要性，並且運用得很好。

2. 得分在 21~40 之間，表明你知道激勵對於管理的重要性，但是做得還不夠。

3. 得分在 0~20 之間，十分遺憾，你不知道如何激勵團隊成員，這是十分危險的。

第五節　對不同類型成員的激勵

在團隊中有不同類型的成員，在需要進行激勵時，應當對不同類型的成員採取不同的激勵方式。具體來說，激勵方式主要有以下幾種。

一、對效率型成員的激勵

效率型成員以速度見長，辦事效率非常高，他們的自發性、主動性非常強，目的明確，有高度的工作熱情和成就感。效率型成員大多性格外向，對工作充滿激情，活力四射，敢於面對困難並且義無反顧地加快速度，敢於獨立作決定而不介意別人是否反對。因此，以下幾種方式對於效率型成員的激勵是很有用的：①給他們安排一些具有創新性和挑戰性的工作；②注重樹立管理者的權威，使其信服；③幫助他們融通人際關係；④支援他們的目標，肯定和讚揚他們的績效；⑤別讓效率低和優柔寡斷的人去拖他們的後腿；⑥巧妙地安排他們的工作，使他們覺得自己的工作是由本人來安排的，自己對工作有自主權；⑦容忍他們不請自來地幫忙；⑧當他們抱怨別人不能幹的時候，傾聽他們的想法；⑨給予他們工作的自主性，允許他們以自己的方式完成任務。

二、對關聯式成員的激勵

關聯式成員在團隊中很積極，他們最可貴的地方是善解人意，總能夠關心、理解、同情和支持別人。關聯式成員的合作性很強，對任何人提出的問題都會很在意，同樣也很在意自己的行為給別人帶來的影響。工作時有關聯式成員在，就能夠協作得更好，團隊的士氣也很高，他們是團隊的潤滑劑。

關聯式成員的缺點是，在危急時刻顯得優柔寡斷，作決定時的果斷性不夠，而且有時他們不願意承擔工作的壓力，有推卸責任的嫌疑。因此，激勵他們應該採取以下方法：①與他們談話時，要注意溝通技巧，使他們感到受到了尊重；②給他們人際關係和心理上的安全感；③應承諾為他們負一定的責任；④給他們機會，充分讓其與他人分享感受；⑤對他們的工作和生活都給予關注；⑥給他們安排工作時，要強調工作的重要性，指出不完成工作對他人的影響，他們會為和諧的關係而努力和拼搏。

三、對智力型成員的激勵

智力型成員是團隊中的技術專家，他們熱衷於自己的本職專業，工作主動性很強，他們為自己所擁有的專業技能而自豪。他們的工作就是維護專業標準。智力型成員能夠為團隊和服務提供專業的支援。由於他們在專業領域知道的比其他任何人都

多，所以要求別人都能服從和支援他，但他們通常缺乏管理方面的經驗。

　　智力型成員的缺點是局限於狹窄的領導，專注於技術而忽略整個大局。因此，在管理智力型成員時要注意以下幾點：①提醒他們不要過分追求完美；②表達誠意比運用溝通技巧更重要；③別指望說服他們改變主意，除非他們的想法和你一樣；④對他們的工作給予資金和環境條件方面的支持；⑤當你試圖說服他們時，要考慮到他們注重事實、數據和科學依據；⑥不要直接批評他們，而是給他們一個思路，讓他們覺得是自己發現了錯誤；⑦認可並欣賞他們的一些發現，對他們的研究成果給予重視。

四、對工兵型成員的激勵

　　工兵型成員是實幹家，他們非常現實、傳統甚至保守，崇尚努力，計劃性強，喜歡用系統的方法解決問題，他們擁有很好的自控力和紀律性，對團隊的忠誠度很高，能夠為團隊整體利益著想。出色的工兵型成員會因為出色的組織技能和完成重要任務的能力而勝任組織中的較高職位。

　　工兵型成員的缺點是缺乏靈活性，對未被證實的想法不感興趣，容易阻礙變革。因此，團隊的管理者應該注意以下幾點：①支持他們的工作，因為他們謹慎小心，一定不會出大錯；②給他們相當的報酬，獎勵他們的勤勉，保持管理的規範性；③對他們的工作多給予指導，幫助他們出主意、想辦法。

上面闡述了對各種類型的團隊成員的激勵問題，在現實中，每個成員的特徵表現並不是非常典型或絕對地屬於某一種類型，有的成員可能擁有兩種類型，有的甚至是三種類型的混合。因此，在實際運用時，應該著眼於確定某種類型是否突出，以此給予激勵。

童友玩具廠的女工們

童友玩具廠是 20 世紀 80 年代初在珠江三角洲 D 縣建立的一家小型企業，該企業只生產簡單的木制彩色娃娃、小動物等牽引玩具，其產品質量優良，成本低廉。不久前，該企業的產品開始出口，且訂貨有迅增之勢，老闆決定增加投資，對童友廠生產的「瓶頸」——噴漆工段進行工作設計，並請當地一家設計院對這個工段的生產流程進行較大的改造。設計院派了王工程師來，王工程師在拿著秒錶作了好幾天的時間動作研究後，拿出了改造方案。

噴漆工段其實是個小團隊，由 8 名清一色的女工組成，歸一名工段長領導，在改造之前全部由手工操作：玩具先在前一道木工工廠下料，砂光，然後進行部分組裝，再經過浸塗假漆工序，就送到噴漆工廠上漆。這種玩具多數只有兩種顏色，只有少數是多彩的。每多上一道彩，就要在這工廠多過一道工序。

新的流程與適應問題

在進技術流程改造之後，全部女工將坐成一條直線，在她們頭上裝著一根環軌，環軌上裝有一條環鏈，環軌上方懸掛著吊鉤，不停地從女工們側上方向前移動，慢慢進入到一座隧道

式的遠紅外烘乾爐內。每位女工坐在自己的一個有擋板隔開的小工作間裏。待漆的玩具將放在每位女工右手邊的託盤裏，她們取下玩具後就將它們放在範本下，把彩漆按照設計的圖案，噴到玩具沒被範本擋住的部位上。噴完漆後的玩具將被取出來掛在前方吊鉤上，自動進爐烘乾。吊鉤的移動速度是設計工程師在作過時間動作研究，並經過計算後設置的。據說女工們只要經過恰當訓練。就能在經過她們頭邊的吊鉤剛好處在她們夠得著的範圍之內時，把一隻漆好的玩具掛上去，使每一吊鉤都能有負荷，不會有空著的，因為運動速度就是按這要求設計的。

女工們的獎金採用的是團隊集體計獎制。由於對新技術還不熟練。在半年實習期內，她們還達不到新定額，所以將發給她們一筆「學習津貼」，但會逐月減少 1/6，直至半年後全部取消，那時就只能靠全組超過定額才能獲得集體獎金了。當然，超額越多，獎金也越多。

在半年實習期的頭一個月，生產率不及原來高，但總算在上升，不過仍不及計劃的快。第二個月更顯停滯，進步極慢，好像不會再快了。工段長問女工怎樣才能加速，她們卻埋怨林工的研究不準確，吊鉤動得太快，誰跟得上？個別女工甚至辭職而去，只好招來新手頂替，更加重了學習滯後的問題。原以為集體計獎能培育協作精神，如今反成了集體抵制。女工中被稱為「大姐」的一位年長女工對工段長列舉了新流程的一大堆問題：吊鉤太快；獎金計算不對、偏低；新裝紅外線乾燥爐就在邊上，太熱，受不了；等等。

工段長去設計院請教王工程師。王工建議他召集一次全體

工人會議，看到底有什麼問題，聽聽女工們的意見。王工認為，時間動作研究是準確的，錯不了，吊鉤速度根本不算快。工段長對是否開會猶豫了一陣，最後還是決定召開會議。

三次意見會

在第一次全體女工會議上，8名女工無一缺席，她們重覆了那些問題，對室溫過高尤其反應強烈。工段長問王工，王工說，對於這一點設計時忽略了，但要徹底解決，成本太高，不現實。工段長如實告訴了女工，請她們諒解，並說請示廠長，看是否給她們發放高溫補貼。

在第二次會議上，工段長忐忑不安，怕一亮底，女工們會鬧起來。不料說明後，女工們說她們原來也沒指望補裝昂貴的通風系統，只要買來三台大點的家用電扇，就可以解決問題。工段長覺得這個建議花費不大，就請示了主任，買來了三台大電扇。女工們見了大喜，試著放在地上對腳吹，效果相當好，女工們很滿意，與工段長的對立情緒也消退了很多。

在第三次會議上，女工們把「炮火」轉向了吊鉤速度。這次李主任和王工也都在座。女工們對王工說中，吊鉤速度飛快，跟不上，結果不少吊鉤空著過去，獎金都受了影響。王工辯解說，是跟你們一塊作的時間動作研究，最後設計速度是取中間偏低標準，並不快呀。女工們承認，並不是一定趕不上速度，但整天這樣，根本吃不消；而且，只要願意，短期內能跟上，但怕領導認為短期行，那長期也就行，就糟糕了。有位女工問林工，能不能把吊鉤速度搞成快、中、慢三檔，換擋開關不難，成本也不高。李主任和工段長交換眼色後說研究後再答覆。於

是散會。

工程師的新招

會後，幾位領導經過研究，決定按女工提的意見試試。林工很快便把變速裝置裝好了，將換檔開關放在「大姐」的工作臺上。女工們大為興奮。她們在上班頭半個小時用中檔；然後用兩個半小時的高檔；午餐前後半小時落到低檔，再轉高檔；下班前半個小時降為中檔。女工們認為「輕鬆」多了。

當工段長把這一結果告訴王工時，王工暗笑說，其實原設計是中檔略偏下，恒速運轉，如今平均速度是中等偏高，女工們「吃虧」了。

這套辦法運行順利，吊鈎空轉率明顯下降，次品率未見上升，反而有一定下降。在原定的半年實習期還差兩個月左右期滿時，生產率就超出了原預計值的 35%~40%。於是，獎金也高於原預計額。六個月期滿，學習津貼取消，女工們技能更加熟練了，而且，為了使收入不致下降，她們幹得更歡了。結果。噴漆工段的收入比鄰近其他班組高出不少，甚至超過那些班組的高級技工了。

廠長的決定

其他班組感到不公平，反映到廠長處。廠長下來瞭解情況，批評讓工人自己掌握生產節奏是「瞎胡鬧」。下令停止這種新做法，恢復設計院原方案。

結果在恢復原方案的當月生產效率下降，8 名女工中，包括「大姐」在內的 6 名女工在以後的兩個月中都辭職了。又過了兩個月，工段長也掛冠而去，另謀高就了。

打造你的成功團隊　培訓遊戲

遊戲名稱：手指銷售代表隊

主旨：

讓與會人員用一種幽默的方式，對自己的專業工作給予肯定，並懂得正確把專業技巧運用到實際工作中，增強與團體的溝通，更有利於工作的開展。

◎ **遊戲開始**

時間：5分鐘

人數(形式)：集體參與形式

◎ **遊戲步驟：**

1.語氣輕鬆地告訴與會人員，你打算主持一次國家銷售代表測試。

2.請大家把右手放在水平桌面上，掌心向上，手指伸展開，僅讓中指的關節緊貼在桌面上。

3.告訴他們你要問四個簡單的問題。如答案為「是」，他們應該通過舉起拇指或你指定的某一手指來表示。

4.開始提問四個問題：

(1)「從你的拇指開始。你是否從事過銷售工作？如果是，把你右手的拇指舉高。」

(2)「好，拇指放下。現在輪到小拇指了。你是否擁有過一份有趣的工作？如果是，請小拇指舉起來。」

(3)「現在輪到食指了。你是否喜歡自己所從事的工作？如

果是，把食指舉起來。」

(4)「謝謝。所有的手指放回原位，現在問最後一個問題。用無名指，誠實地回答我，你是否真的擅長這份工作？如果是，舉起無名指。」

5.人們可能會立刻笑起來，這說明如果他們把中指的關節和其他手指貼在平面上，要想單單把無名指舉起來，實際上是極爲困難的。

◎ **討論**

1.這個遊戲說明了什麼問題？

2.你認爲自己還有那方面的專業技能？

◎ **績效與評估**

1.測試的題目稍作修改，即可適用於其他不同工作類型的群體。

2.這個測試主要是增強學員的自信心。

心得欄

第 *10* 章

成功團隊要授權

授權是有利於公司、有利於下屬員工,也有利於公司高階的一項活動。授權是授權者與被授權人雙方之間的一項動態活動,授權給成員個體,就能使他們感覺到自己是在真正地嘗試一件事情,而不是單純地完成一項任務,就能夠很主動地探索、嘗試、付出,並從做這件事情的過程中獲得成就感。

案例研究

作為上司，應該具有容人之量。既然把任務交代給了下屬，就要充分相信下屬，放權放膽讓其有施展才能的機會，只有這樣，才能人盡其才。

中國古代有一則故事，說的是一位大將軍帶兵征討外虜，得勝回朝後，君主並沒有賞賜很多金銀財寶，只是交給大將軍一隻盒子。大將軍原以為是非常值錢的珠寶，可回家打開一看，原來是許多大臣寫給皇帝的奏章與信件。再一閱讀內容，大將軍明白了。

原來大將軍在率兵出征期間，國內有許多仇家便誣告他擁兵自重，企圖造反。戰爭期間，大將軍與敵軍相持不下，國君曾下令退軍，可是大將軍並未從命，而是堅持戰鬥，終於大獲全勝。在這期間，各種攻擊大將軍的奏章更是如雪片飛來，可是君王不為所動，將所有的奏章束之高閣，等大將軍回師，一起交給了他。大將軍深受感動，他明白：君王的信任，是比任何財寶都要貴重百倍的。

這位令後人扼腕稱讚的君王，便是戰國時期的魏文侯，那位大將軍則是魏國名將樂羊。

第一節　掌握授權要義

一、授權是聰明領導者的選擇

　　貝爾公司董事長曾說：「在我從事管理工作的早期，曾經得到的一個教訓是：不要想一人獨攬大權，要仔細挑選人才，僱傭人才，然後授權給他們去負責料理，讓他們獨立作業，並爲自己的行動表現負責。我發現，幫助我的部屬成功，便是整個公司的成功，當然更是我自己個人的最大成就」，思科公司的總裁約翰·錢伯斯也說：「也許我比歷史上任何一家企業的總裁都更樂於放權，這使我能夠自由地旅行，尋找可能的機會。」在他們看來，授權是有利於公司、有利於下屬員工，也有利於自己的一項活動，那麼有何樂而不爲呢？總體來講，團隊授權可以從三個方面受益：

　　1.從團隊組織來講，授權可以增加組織的靈活性和適應性，對變化可以快速做出既快又好的反應，同時還能最大限度地使用組織內可以利用的經驗和才能，提供更有效的決策方案，提高組織的創新力和執行力。俗話說：「三個臭皮匠，抵得上一個諸葛亮」，如果通過授權使團隊裏面主動參與的人員多了，就能集聚更多的智慧，同時「眾人拾柴火焰高」，大夥兒都能夠貢獻一把力量，當然效果就大了，相反如果團隊裏面不進

行充分授權，所有的權力都集中在少數幾個人手裏，這樣就可能因爲這幾個人出現問題而波及整個團體。前幾年曾經一度輝煌的三株集團帝國的毀滅雖然有許多方面的原因，但公司權力過於集中，導致對於突發事件的處理遲緩，無疑是一個很重要的因素。

2.從管理人員角度來講，團隊授權一方面可以爲他們「減負」，另一方面可以讓他們把精力用到最關鍵的事情上，從而使組織管理人員和團隊領導的影響和效率增強，可以最充分地利用他們自己的才能、資源、技術和領導能力。我們知道，領導不是超人，精力都是有限的，如果事無大小都要管理者躬親，恐怕把領導者「累死」也處理不完；領導也不是完人，也有自己不擅長的領域，不熟悉的方面，如果事無類別都要管理者親自決策，要麼就很可能出現外行管內行的事情。聰明的領導者一是會抓自己認爲很重要應該親自做的事情；二是會掌管自己最熟悉的業務，而那些該有下屬做得、別的行家做得，他都會很慷慨地授權給別人來做。

3.從成員個體看，授權可以使他們有權參與影響組織和團隊運作的決策，同時個人在團隊授權過程中得到多樣化技能的培訓，所以有助於提高成員個體的工作滿意度，增強他們的責任感和組織的歸屬感，也只有通過授權，才能使人才得到真正的任用。一個公司最大的不幸莫過於有才不知、知而不任、任而不用。而要避免出現這種悲哀，那就應該授權給他，讓他去幹、去爲他所做的事負責任。

比爾‧伯恩在《富貴成習》(Habits of wealth)一書中所

說的這段話:「授權是一種付出,好的主管才有這種氣度,他們不會貶低他人的重要性來維護和提高自己的地位。我們可以利用邀請所有員工參與工作團隊的方法來授權。比方說,讓他們自由參與企業的體系,分享及承擔責任,並允許員工在犯錯中學習,當員工有成就時,要能告訴他們:『你做到了!』,每個努力工作的人都有權利品嘗成功的滋味,一旦他們嘗到了那種滋味,就會食髓知味。」授權給成員個體,就能使他們感覺到自己是在真正地嘗試一件事情,而不是單純地完成一項任務,因此他們能夠很主動地探索、嘗試、付出,並從做這件事情的過程中獲得應驗。

二、團隊授權有那些障礙

授權應該是皆大歡喜的事情,然而在團隊或者企業實踐中,比較奇怪的就是這種看似皆大歡喜的事情卻真正落實不了,這裏面肯定有值得我們去探討的原因。我們知道,授權是授權者與被授權人雙方之間的一項動態活動,如果授權出現障礙,很可能是授權者、被授權者或者兩者之間的交流溝通渠道出現問題,概括起來,阻礙授權有以下三大障礙:

(一)授權人不願意授權

這是企業或者團隊中最容易出現的現象,也是阻礙授權有效進行的首要原因,這主要出現在管理者或者領導者的思想意識上,有下述想法的領導顯然都不會授權:

1. 懷疑下屬能力

許多管理者不信任下屬的能力，擔心下屬並不具有完全地自由運用權力和制定正確決策的能力，覺得與其授權，還不如親自解決。當然下屬確實存在一些人能力偏低的現象，但是，每個人的能力都是在工作實踐中鍛鍊出來的，沒有那個人的能力是與生俱來的，包括管理者本人，而且如果你不讓他有機會去表現才能，你又怎麼能確定他沒有能力呢？

2. 擔心下屬出錯

這種擔心是正常的，因為不少下屬沒有經驗或者能力欠佳。管理者一定要允許員工犯錯誤，如果不允許犯錯誤，實際上也不會有什麼授權。舉個例子，你去學開車，教練要給你充分授權，否則你就學不會開車。實際上，教練擔心你開不好車，怕你出車禍，但同時，教練又不得不授權給你做，要不然你永遠都開不了車，那麼，教練怎樣教你才對？如果教練發現你在轉彎時使用方向盤出錯，只要你不發生車禍，教練就應該等你轉了彎以後再跟你說做錯了，教練必須給你犯錯誤的機會。如果每一次你做得不好，教練就罵你，這樣做的結果，不但沒有讓你學得更快，反而使你更加緊張，出更多錯，甚至使你喪失繼續開車的勇氣。所以，管理者在進行授權時，首先應當建立這樣一種信念：錯誤是授權的一部分。也就是說，要讓下屬百分之百地按照管理者的意圖來完成工作是不大可能的，下屬在完成任務的過程中出現一些錯誤是正常的。

3. 拒絕分享權力

有些管理者的權欲非常強烈，不願與下屬分享權力。這些

管理者喜歡緊緊地控制著下屬，認為只有這樣才能樹立自己的權威。當然，這與管理者的個性有關，但是長此以往，誰還願意在這樣的管理者手下工作呢？另外，有些管理者已經習慣了擁有決策制定權，而授權需要管理者放棄一定的決策制定權並把權力下放到下屬手中，他們會因此擔心失去控制權。往往高層管理者會感覺到他們的地位受到了威脅，而中層管理者則可能會感覺到他們即將被架空甚至失去工作。

4. 樂於事必躬親

凡事親歷親為的管理者都是工作狂，嚴格地說，這種人不能稱其為管理者。這種管理者還認為只有自己對所有的事情很清楚，只有自己才有可能高效地處理問題。另外，這種管理者喜歡盡善盡美，總認為員工的工作不夠完美。看個案例，孔子的學生子賤有一次奉命擔任某地方的官吏。他到任以後，經常彈琴自娛，不問政事。可是，他所管轄的地方卻治理得井井有條，民興業旺。這使那位卸任的官吏百思不得其解，因為他每天勤勤懇懇，從早忙到晚，也沒有把那個地方治理好。於是他請教子賤：「為什麼你逍遙自在、不問政事，卻能把這個地方治理得這麼好？」子賤回答說：「你只靠自己的力量去治理，所以十分辛苦；而我卻是借助下屬的力量來完成任務。」子賤放權的案例，對那些樂於事必躬親的管理者應該有所啟迪。

5. 下屬不應決策

這種管理者還有點「勞心者治人，勞力者治於人」的封建意識，不少管理者認為下屬不應該參與決策，因為下屬不能夠真正理解他們被授權後，將制定的決策會對公司的成本和利潤

產生多大的影響。實際上，不少下屬具有較高的知識水平，有些下屬的學歷甚至比管理者還要高。如果要發揮下屬的能力，就要摒棄傳統的命令式的管理方法，讓下屬充分地參與進來，通過協作式的管理，激發下屬參與決策的積極性，提高整體工作效率，提升客戶服務質量。

6. 不願培養下屬

有些管理者認為管理下屬是自己的工作，但培養下屬並不是自己職責範圍之內的事，所以沒有必要在這方面殫精竭慮。另外，有些管理者心胸狹隘，總是比較妒嫉別人的成長，深怕下屬有朝一日超過自己，因此從不給下屬鍛鍊的機會。如果管理者不培養下屬，下屬就不可能獲得成長，管理者永遠只會停留在原地踏步，沒有辦法推進管理的縱深發展。

7. 害怕承擔風險

授權是有風險的，管理者把某項工作授權給下屬去完成，如果做不好，第一責任人是管理者，管理者不能推卸責任說我已經授權給下屬，管理者有義務去承擔這種風險。有些管理者對承擔風險有恐懼感，其實也沒有必要，因為授權並不是放任不管，授權還有監督和控制。

(二)被授權人不願意接受授權或者沒有能力接受授權。

這種情況比較少見，但有時候也會出現，主要原因可能有：

1. 下屬不想擔責

一份權利就意味著一份責任，有些很多企業的員工都習慣於在管理者的命令下工作，大部分的權力和責任往往由管理者

擁有和承擔。一旦員工需要爲自己的行爲結果承擔責任時，他們就可能會擔心他們是否需要爲其所犯的錯誤也承擔責任。而一旦他們犯了錯誤，他們擔心可能會被責罵，甚至擔心可能會失去工作。實際上，每一個下屬都希望自己受到重視，都希望自己承擔更大的責任。需要注意的是，當管理者讓下屬承擔更大的責任時，也要給下屬更大的權力，否則下屬的心理就會失衡。

2.下屬能力有限

這是比較客觀的原因，有些員工就習慣在別人的指導下和監督下幹活，缺少主動性，同時自己獨當一面的能力又不行。

(三)授權的媒介或者文化有障礙

這是屬於深層次的原因。授權要完成，必須在授權人和被授權人之間建立暢通的資訊交流渠道，如果企業或者團隊裏面溝通渠道不暢，管理層與員工相互之間缺少交流和信任，或者團隊裏面根本沒有這種授權分權的文化氣氛，授權自然是寸步難行了。

最成功的領導者是那些把工作授權給別人去做的人，是把下屬培養爲領導者的人，是把領導者變爲變革者的人。聯想集團董事長柳傳志培養了兩大少帥——楊元慶和郭爲，使集團的事業後繼有人、基業常青；最成功的員工是那些能夠主動學習提高自己的技能，敢於承擔責任的人。所以爲了能夠進行授權，首先請克服障礙吧。

三、團隊主管授權的原則

現代社會化大生產的發展，領導者面臨的各項事務紛繁複雜、千頭萬緒，任何領導者，即便是精力、智力超群的領導者也不可能獨攬一切，授權是大勢所趨，是明智之舉，現在的問題是在授權中就遵循什麼樣的原則，從而實現授權的目的。對於授權的原則，許多研究者都提出自己的看法，但概括起來授權的原則應有以下幾個方面：

1. 信任授權原則

在授權的成本中我們就明確指出信任對授權的重要性。信任是建立在個人能力基礎上，且這種能力足以使其實現組織和團隊對他的期望。

2. 合理授權原則

這是指領導者授權的動機、程序、途徑必須是正當的、合理的。從動機、目的看，是為了組織工作的需要，是為了提高領導工作的效能，是為了著力於鍛鍊、培養新人，而不是出於主觀隨意性，更不是搞任人惟親，滿足個人的一己私利的行為。

3. 逐級授權原則

這是指領導者所授予下屬的權力是領導者自身職務權力範圍內的決策權，即領導者自身的權力。比如高級主管只能將自己享有的決策權授給直接領導的中層主管，而不能把高級主管所享有的權力授給中層主管的下屬，這樣實質上就侵犯了自己的下屬的合法權力，是越級授權，會造成下屬有職無權，給

自己的下屬的工作造成被動，會造成自己與下屬、下屬與他的下屬之間的相互矛盾與隔閡。要避免領導者在授權過程中違反逐級授權的原則，領導者必須明確應授的權力與授權的對象是什麼？要明確領導者作為整個組織的指揮者，不是組織中所有的權力的擁有者，領導者所擁有的權力有一定的範圍，領導權是有一定的限制的。越級授權在專制時代是普遍存在的。在專制體制下，在統治者君主們看來，普天下之土莫非王土，普天下之臣莫非王臣，所以一切一人說了算，授權沒有任何節制，而是主觀隨意的。這種做法在分權的民主時代已不適合了，領導者與下屬各自擁有自己的權力，因此，授權也必須符合組織原則，正常的權力運行機制，除非在極特殊的、衝突事件的處理上可以越級授權外，一般不得越級授權。

4.權責明確的原則

在領導授權過程中，從權責內容上看，有兩種形式：授權授責與授權留責兩種。前者如同分權一樣，授權同時授責，權責一致；後者則不同，授權不授責，如果被授權者處理不當，發生的決策責任仍然由授權的領導者自己承擔。這兩種形式各有利弊，授權授責，被授權者有責任，就有壓力，增強了運用權力的責任感，防止濫用所授予的權力，但也對被授權者在行使決策權進行的創造性活動中形成巨大的壓力與精神負擔，由於懼怕自己的失誤給組織帶來危害後果，影響自己的前途而不能充分行使其所授予的權力，影響了工作的效能。而授權留責，一方面可以使被授權者增強對領導者的信賴感，工作更放心、更放手，但同時也容易由於無需顧及後果，而沒有責任感、壓

力，以至於出現濫用所授的權力，也達不到授權的目的。

5.適度授權的原則

所謂適度授權，就是指領導者授予下屬的決策權力的大小、多少與被授權者的能力、與所要處理的事務適應，授權不能過寬或過窄，要堅決視能授權與因事授權。如果授權過寬、過度，超過被授權者的智慧所承擔的限度，會出現小材大用的情況，超過所處理事務的需要的過度授權，就等於領導者放棄了權力，導致下屬的權力泛化，使領導者無端地被「架空」。授權過窄不足則不能充分激發下屬的積極性，不能充分發揮其才能，出現大材小用，且也不能充分地代表領導者行使權力，處理相應的事務，還得事事請示彙報，領導者也不能從繁雜的事務中解放出來，達不到授權的目的。

6.授權與控制平衡的原則

授權只是將領導者應當獨享的權力授予下屬行使的活動，領導者並不會因為授權而喪失其領導主體地位，並且是授權責任後果的最終承受者。如果只有控制而沒有真正的授權，那只能算是集權；而如果只進行授權不加控制，則又會導致權力的失控和混亂。要實現授權與控制的平衡，就必須明確授權的範圍，明確那些是應該授權的，那些是不應該授權的。要真正做到有效的授權和合理的控制，則還必須有相應合理的考核制度。因此，授權不是放任自流，撒手不管，不是放棄其職能，所以，授權時必須有辦法確保權力得到恰當使用。其目的在於發現和糾正下屬行使權力時偏離目標的現象，而不是干預下屬的日常行動。

第二節　團隊領導要把握授權這門大藝術

「授權就像放風箏，部屬能力弱線就要收一收，部屬能力強了就要放一放」，授權也是一門需要修煉的藝術，好的授權能夠事半功倍，皆大歡喜，不好的授權就會事倍功半，雙方都不樂意。

一、因人而異來授權

每個人都有自己擅長的領域，也有不熟悉的方面，在授權的時候若能夠人盡其才，大膽啓用精通某一行業或崗位的人，並授予其充分的權力，使其具有獨立做主的自由，能自己做出決定，能夠激發他們工作的使命感，那麼每一級的主管必定可以圓滿的完成各自的任務，從而達到公司發展的目標。

本田第二任社長河島決定進入美國開工廠時，企業內預先設立了籌備委員會，聚集了來自人事、生產、資本三個專門委員會中最有才幹的人員。做出決策的是河島，而制定具體方案的是員工組織，河島不參加，他認為員工組織做的會比自己做得更好。比如，位於俄亥俄州的廠房基地，河島一次也沒有去看過，這足以證明他充分授權給下屬。當有人問河島為何不赴

美實地考察時，他說：「我對美國不很熟悉。既然熟悉它的人覺得這塊地最好，難道不該相信他的眼光嗎？我又不是房地產商，也不是帳房先生。」

財務和銷售方面的工作河島全權託付給副社長，這種做法繼承了本田一貫的做事風格。1985 年 9 月，在東京青山一棟充滿現代感的大樓落成了，赴日訪問的英國查理斯王子和戴安娜王妃參觀了這棟大樓，傳播媒體也競相報導，本田技術研究公司的「本田青山大樓」從此揚名世界。實際去規劃這棟總社大樓、提出各種方案並將它實現的是一些年輕的員工們，本田宗一郎本人沒有插手此事。成為國際性大企業的本田公司在新建總社大樓時，這位開山元老竟沒有發表任何意見，實在難以想像。

第三任社長久米在「城市」車開發中也充分顯現了對下屬的授權原則。「城市」開發小組的成員大多是 20 多歲的年輕人。有些董事擔心地說：「都交給這幫年輕人，沒問題吧？」「會不會弄出稀奇古怪的車來呢？」但久米對此根本不予理會。年輕的技術人員則平靜地對董事們說：「開這車的不是你們，而是我們這一代人。」

久米不去聽那些思想僵化的董事們在說些什麼，而本田又會如何對待這一情況呢？他說：「這些年輕人如果說可以那麼做，那就讓他們去做好。」

就這樣，這些年輕技術員開發出的新車「城市」，車型高挑，打破了汽車必須呈流線型的「常規」。那些固步自封的董事又說：「這車型太醜了，這樣的汽車能賣得出去嗎？」但年輕人

堅信：如今年輕的技術員就是想要這樣的車。果然，「城市」一上市，很快就在年輕人中風靡一時。本田正是根據每個人的長處充分授權，並大膽使用年輕人，培養他們強烈的工作使命感，從而造就了本田公司輝煌的業績。

　　根據員工長處，授權要把握以下要點：

　　1.明晰所要解決的問題。對可能的對象進行有目的的篩選。即公司所採取的行動將要達到一個怎樣的目的，解決什麼具體的問題，管理者必須心裏有數，這樣就可以有針對性地進行選擇。這一要求特別針對於一些具體性的工作，像設計、規劃、談判等等。

　　2.人員篩選必須做到定性定量。即有衡量行動結果的標準，使人員篩選結果能用最簡單、直接的數據表現出來。因為只有這樣，才可能使被授權的人對行動價值有準確認識。

　　3.限時完成。必須規定明確的時間期限。針對每一階段要完成的任務必須全力以赴，浪費掉的時間要想方設法彌補過來。

二、授權要把握尺度

　　思科總裁錢伯斯認為，最優秀的領導者並不需要大包大攬，事必躬親，其關鍵作用在於如何把人員合理地進行統籌安排。他說：「很久以前我就學會了如何放手管理。你不能讓自我成為障礙，成為一個高增長公司的惟一辦法就是聘用在各自的專業領域裏比你更好、更聰明的人，使他們熟悉他們要做的事

情，要隨時接近他們，以便讓他們不斷聽到你為他們設定的方向，然後，你就可以走開了。」如果是中央集權制，即上面做了決定，下面只是執行，大家就不會有動力。而錢伯斯的做法是：不告訴下面的人應該怎麼去做，而是告訴他們一個目標，讓他們來看怎麼實現這個目標。

在錢伯斯的「分權」理論指引下，整個思科的管理方式都有了極大的變化：他們摒棄了「指令性管理法」，採用「目標管理法」。任何人都不能夠對員工的具體工作指手畫腳，上司只能夠大體制定一個方向，具體操作就由員工自由發揮了。這樣一來，在目標的確定上由上下級共同討論商議完成，在目標的實現上，員工會有很大的靈活範圍來採用具體方法。每個人沒有必要一定要聽從其他人的指令才能夠完成任務，員工自己的方式也許會將工作完成得更好、更快。

在思科，高級管理層確定戰略和目標，建立公司所需要的文化，然後放權到基層，令公司更多的基層人員擁有決策權。這樣做就使得公司的許多事情是由市場來決定的，而不是公司決定市場。而且隨著互聯網的飛速發展，思科也發生了新變化：許多以前只能由高級管理層掌握的數據現在到了個人手中，像基層人員和客戶。放權給他們，決策的質量會得到更快的提高。

錢伯斯認為，一個人的能力是有限的，只靠一個人的智慧指揮一切，即使一時能夠取得驚人的進展，但是終究會有行不通的一天。因此，思科公司今天的成功不是僅僅靠首席執行官的領導，不是僅僅依靠高層管理人員的努力，而是依靠全體思科員工的集體努力才獲得的。

授權者必須確定被授權者知道他被授權的程度，其中包括他有權做何種程度的決策，以及採取那種程度的行動。可將授權的程度分為五級：

1.員工只需要做好分內職責

分派給別人做的工作，即使是最簡單的工作也都應該加以解釋，而且必須確定對方瞭解你的意思。曾經有一位高中生利用課餘時間協助一家公司進行信件的歸檔工作，當時她是以公司負責人的名字，而不是以公司的名稱來歸檔。她以這種錯誤的方式進行了兩個星期，導致數百封信件放錯了地方。結果該公司用了三個人花了超過一百小時的時間才把這項錯誤糾正過來。給她分派這項工作的人，「以為」她知道應該怎麼做。

對於比較簡單的工作，授權的步驟是在工作剛開始時，先和負責人共同工作一段時間，然後再要求他們獨立進行這項工作，如果你確定他們明白了，就讓他們自己去做，但是要求他們在碰到不確定的事情時要問你。如果他們的問題太多，要求他們把不需馬上回答的問題匯總起來，你就可以一次性回答。

2.員工列出選擇性方案，然後由領導做最後決定

某公司有一位用電話推銷的業務代表，似乎每一件事情都做得很好，但是業績卻無法增加，從他的銷售報告可以知道，他是發掘了很多潛在的顧客，也調查得很詳細，並能使產品符合客戶的需要，而要求客戶訂購。在看過他的幾份報告後，主管覺得他的問題出在追蹤的工作太慢了。

為了證實自己的看法，主管採取了以下步驟：

首先，主管審核了他過去三個月的銷售報告，只看完一小

部分，主管的心跳加快了，因為他顯然沒有對很多良好的潛在客戶進行追蹤，主管把檔案放到一邊，並思索如何以其他的方法來分析看到的資料。主管的決定是：這件事情必須使電話推銷主管不僅要分析這項資料的經驗，他也必須設計一套制度來控制及分析業務代表的追蹤工作。

過了一段時間，主管把這項工作授權給電話推銷主管，並簡短地告訴他，所看過的部分報告顯然都缺乏追蹤工作，同時主管也給了他一份清單，上面列了尚未進行的一些調查，例如，主管並沒有將報告和訂單交互查核，也許對某些客戶未再進行追蹤工作的原因是因為他已下了訂單，此外，也可能有些銷售報告遺失了或尚未寫出。

最後主管做出決策，必須加強追蹤工作，最終使業績得到很快的提高。

3.下屬自己提前擬定行動方案

一位營銷主管帶了一份他下屬所擬定的備忘錄來找領導，但是這份備忘錄已經經過週密的考慮，根本就不再需要領導做決定。這是有關到外地促銷時車輛使用問題，他研究在當地租一輛車所花的成本（包括租金及油費）和自己開車去所花的成本，結果發現若按預定的行程，租車會比較便宜。

如果這位下屬沒有進行全面的分析，領導可能會不贊成他用租車的方式。這個簡單的結果證實了領導的員工已經開始自己思考了，這樣領導必須做的決定也就愈來愈少了。

4.在瞭解進程的情況下，把工作交給手下負責

如此的授權方式，已是接近完全的授權了。你可以將一件

複雜的工作完全交給一位值得你信賴的人，由他進行所有的細節及決策，自己便不必分心處理，被授權者也可以充分發揮所長。只有在發生重大問題時，才與你協商或報告進度。

5.將工作交給手下全權負責

通常，你願意分配出去的權力，和你分配出去的責任是相當的，沒有責任，就沒有權力，擔負全部的責任，就得享有全部的權力。

事實上，大部分的授權都落在這兩個極端之間，在指派工作時，必須讓員工寫下完成工作的方法，才算工作完成，這些工作報告也應該包括一些建議，建議下次如何以更好的方法去完成，如果下次再有相同的工作，這份工作報告便可減少訓練及指導的時間，而加速授權的過程。

三、授權也要授責任

一個事業的組織越龐大，授權制度就越重要。因為各人有各人的工作職責及工作職權，充分的授權使每一個成員都感覺到自己能夠獨立判斷，對自己的工作負責，而絕不是任人指使。但在下放權力的同時，管理者也要注意在擴大自主權與加強控制之間取得平衡，既能使員工打破陳規陋習，把自己的才能最大限度地發揮出來，同時又感激於企業的大膽任用，無不盡自己最大努力，自覺效忠於企業。

教會員工負責任的要點是：

1.管理者必須充分地信任員工有這種能力

　　雖然理論是偉大的，實際的執行卻是令人難以置信的困難。把決策權推給前沿的員工需要在信任度上有一個大的飛躍。作爲管理者，以前都是由自己來做出決定，現在要由員工來做決策了，所以，管理者必須充分地信任員工有這種能力。

　　2.讓員工對他們的決策負責任

　　承擔責任是指對某一項決策負責，是對決策的結果給予答覆，是指在做出抉擇之前就已經估計到所有可能出現的風險，是指在決策前要確保有效的諮詢和決策後有清晰的交流，或者出現失利時，要爽爽快快地接受，並承認做出了不好的決策。

　　3.管理者應該讓員工明白達成什麼，而不是就如何達成目標負責任

　　有太多的管理者總是插手干預，告訴員工在工作中應該怎麼做，這恰恰扼殺了員工的責任感，導致在以後的工作中不願負責任。讓人們負責任是說要清晰地理解應該達成什麼目標，然後放手讓他們去做，去達到目標，並且要爲結果負責。

打造你的成功團隊　培訓遊戲

遊戲名稱：處理客戶投訴

主旨：

　　人們常常認爲企業的領導力應該是由上而下的集權，只有這樣，才能體現領導的權威。這種觀念可能是可笑而落伍的。一個具有高度競爭力和良性成長的企業裏，其領導力應該是由

下而上的，並倡導一種上下平等的合作精神。它不僅指要有一支一流的高素質管理者隊伍，而且更要求有一支具備領導力的管理層隊伍，因此，由下而上地開發領導能力是優秀企業保持競爭力的重要手段之一。它要求團隊成員通過日常的工作與生活經驗來培養和積累領導能力，這種領導能力將體現在每個人的每一項工作細節之中，每一個人都是工作的主動參與者，每一個人都是他自己的領導。事實證明，能持續地在各個層面培養出領導者的企業，才能適應改變，在競爭中生存。

◎ **遊戲開始**

時間：不限

人數(形式)：不限(分組參與)

◎ **遊戲話術：**

有人做過投訴處理嗎？我們都知道優秀的管理人員通常會善用靈活的技巧，處理各種各樣的突發性事件。我們的管理者在面對投訴處理這一工作的時候總是很頭痛，不知所措。因為一邊是自己打拼的部屬，而另一邊是公司的上帝，即顧客。

部門管理者在每次處理完投訴的晚上總是祈禱：手下的員工可千萬別笨手笨腳，出什麼差錯？(你幽默的言辭會博得學員的笑聲)

的確，處理投訴就像是修剪我們的花園一樣，需要你看清楚問題的所在，需要你有相當的技巧！讓我們沈思一下如何做到這一點……。

◎ **遊戲説明：**

以客戶爲重的領導者強調樹立公司品牌——一個將産品品牌與公司文化融爲一體的概念。品牌意味著在客戶眼中的價值。可以就與該公司做生意的過程進行價值評價，這種對於公司的信賴感便構成了「公司品牌」。

要樹立公司品牌，公司領導人必須消除某些客戶的錯誤觀念，代之以煥然一新的思路。比如「客戶永遠是對的」之類的説法，實際上反而妨礙了在客戶方面取得成效。事實上，並非所有客戶在任何時候都是對的。

以上就是本遊戲要説明的問題。

◎ **遊戲步驟：**

1.遊戲開始時，你可以對顧客的投訴進行解釋或者描述。

2.把學員分成四個小組。每組分配一個主題。每一組應根據分配的主題想出 3～5 個處理辦法。

主題：

任務(例如：當需要做出決定，又沒有上級的指示的時候，最好怎麼做呢？)

關係(例如：你與那種人不能很好的相處？)

情商(例如：當你的同事不同意你的想法時，你做何反應？)

價值與態度(例如：處世的最佳原則總是誠實嗎？)

3.給每個小組 5 分鐘，大家群力群策地設想處理投訴的過程中可能會遇到什麼問題，並把它們記錄在答題板上。

4.請每個小組選出並圈上他們最喜歡的兩個問題。他們可

以使用任何標準來選擇這兩個問題。(例如:最難處理的、最可能揭露出弱點的或者最不尋常的問題。)

　　5.請每個小組亮出他們的題板紙,並把他們的問題大聲地念給大家聽。

　　6.挑選出七名志願者。

　　7.三個志願者將扮演到公司投訴的顧客,一個志願者將扮演被投訴的公司員工。他要一個一個地處理投訴者。發給每個投訴的顧客一張角色描述卡片,並請他們坐到凳子上,默讀。

　　8.同時,請一名投訴顧客的扮演者坐到他的凳子上去。並解釋說,他是公司第一個上門投訴的顧客。扮演投訴處理的學員現在給這位顧客三分鐘的時間,讓他陳述自己的投訴理由。請扮演投訴處理的學員很快地瀏覽一下各個小組剛剛總結出的投訴處理辦法,當然他也可以即興想出或者使用自己列出的任何別的處理辦法。(培訓師注意,如果扮演投訴處理的學員,選擇即興使用自己的特別的處理辦法,應該給他加分。)

　　9.現在面對全班,說:

　　「女士們、先生們,歡迎加入我們投訴處理室。我們是一個應變能力很強的隊伍,懂得平衡處理內外的關係,在處理投訴的時候是很有分寸的。是的,我們把處理投訴當作充滿幽默的表演。我們是很有頭腦的,但又是很謹慎的管理者,要努力確定在這三個被投訴對象之中,那個是能言善辯的,那個是平時工作出色但是因為一時的疏忽而出錯的。」

　　「是的,這一個決定性的時刻……當投訴處理者做出一個

決定的時候，這個決定不僅會影響到員工的工作積極性以及他們的工作精神面貌，而且還會影響到顧客利益以及整個公司的利益。」

「我們的投訴處理者不得不通過巧舌如簧的語言和甜甜的微笑，去說服顧客，讓顧客理解公司的員工以撤銷投訴；對於公司被投訴的員工更是要處罰得當，看到問題之所在，今天我們還會遇到什麼樣的投訴顧客呢？讓我們試目以待吧！……」

10.投訴處理人面對下一個投訴顧客。請第二個、第三個投訴顧客依次上場。在顧客陳述完 2 分鐘的投訴理由以及被投訴員工申辯 2 分鐘以後，叫停。

11.給扮演處理投訴者 10 分鐘時間，整理資料，可以向投訴的顧客以及被投訴的公司員工進行交流並且向「顧客」和「員工」宣佈投訴處理意見。

12.聽取「顧客」、「員工」意見。例如：有的顧客不滿處理意見，他會說：「我要到法院起訴！」或者「讓你們的上級來見我！」有的員工也會不滿意：「我在此事中責任甚微，爲什麼還要扣我的薪水？不公平！」……

13.現在全部學員投票表決三個投訴處理人員那一個的表現最好。簡單的舉手表決就可以了。發給票數最多的投訴處理印有「1」的卡片，第二個投訴處理者印有「2」的卡片，第三個投訴處理者印有「3」的卡片。請他們舉起他們的卡片，以便全班都能夠看到。

14.感謝所有參加的學員，帶頭鼓掌。

◎**績效評估與討論：**

1.在處理投訴的能力方面，那些問題是最有效的？

2.在揭露投訴處理者的弱點方面，那些問題最有效？

3.你們小組最喜歡的問題，在這個過程中起的作用如何？在現實生活中，什麼使投訴處理更有效？又是什麼導致它們無效？

4.你們希望遇到什麼樣的投訴處理人？

5.在這個活動中，投訴處理者是怎樣隱藏或者是解釋他們的弱點的？在現實生活中，投訴處理又是如何做到這一點的？你們會在投訴處理的時候問一些什麼樣的問題，以便提示更加真實的一面？

心得欄 _____

_____

_____

_____

_____

_____

第 *11* 章

如何處理團隊衝突

　　團隊中的成員在交往中難免有意見分歧，出現爭論、對抗，甚至導致彼此間關係緊張，從而產生衝突。當發生團隊衝突時，首先要對衝突的性質進行全面細緻的分析，必須要分清各種各樣的衝突，才能採取有效的技術，有針對性地解決問題，消除衝突。

案例研究

有意識地引入一些「鯰魚」。通過他們挑戰性的工作來打破平靜，不僅可以啟動整個團體，還能有效解決原有下屬知識不足的問題。

某農民開始只養一頭牛，儘管提供了充足的草料，但牛膘一般化。而後新添兩頭牛，這三頭牛為爭奪好的草料而展開競爭，結果三頭牛長得又大又肥，這就是競爭的結果。在用人上也情同此理，沒有競爭任何人都很難發揮潛能。一個組織如果缺乏應有的競爭氣氛，人人都坐「鐵交椅」，個個都端「鐵飯碗」，這個組織將形同一潭死水。如同田徑場上的比賽，個人獨自奔跑很難跑出好成績，只有多人並肩比賽才能比平時跑得更快。

過去的日本漁民在遠海捕撈的沙丁魚運回漁港時，都已經死掉了，因此，賣不上好價錢。為此，漁民們也曾想了許多辦法，但效果都不理想，多數沙丁魚還是半途死去。後來有人想出個「絕招」，即把幾條富有活力的鯰魚放在沙丁魚群中，鯰魚出於受到鹽分不同的海水刺激而騷動不安，在艙水中到處遊撞，迫使沙丁魚驚惶躲避，沙丁魚在運動中延長了生命，這個辦法解決了活魚回港的難題。

日本有家大公司由此受到啟示，專門從外單位招聘幾位「鯰魚式人物」，使原本安靜的組織充滿了生機和活力，形成了競爭向上的氣氛。

第一節 衝突的概念

組織或團隊中的成員在交往中產生意見分歧，出現爭論、對抗，導致彼此間關係緊張的局面，我們稱這種狀態為「衝突」。

西和古爾德公司是紐約一家著名的律師事務所，創立於二十世紀 60 年代，它以兩個創始人的名字命名，西具有領導才幹，古爾德則是著名的律師，他們共同建立了一支傑出的工作隊伍，1994 年公司已擁有 80 名合夥人、200 名律師，在當地政界、銀行和房地產等領域影響很大。

1994 年公司合夥人投票決定解散公司。該公司解散的原因並不是財政問題，因為 1993 年公司收入為 8.5 億美元，高於上一年 8.3 億美元，對合夥人來說依然是有利可圖的。導致公司解散的真正原因是合夥人的內部衝突，即年輕的合夥人聯合起來反對年長的合夥人，宗派鬥爭愈演愈烈，然而沒有任何一派真正強大到可以控制公司。1993 年衝突升級，5 個合夥人宣佈退出，而其他合夥人也紛紛計劃自尋出路。

事後有人評價說：這家公司的合夥人在基本的、主要的問題上存在差異，而這又是無法調和的；他們之間沒有經濟問題，有的只是個性問題，彼此之間相互憎恨。

這個案例讓我們知道：衝突升級後對於組織和團隊可能會產生怎樣的危害。那麼，是不是所有的衝突都是糟糕的呢？我們需要對衝突作進一步的瞭解。

一、什麼是衝突

1.衝突的分類

衝突可分為工作上的衝突和人際關係的衝突。

工作衝突是圍繞某項具體工作而產生的意見分歧，人際衝突是指團隊成員之間的對立情緒。這兩種衝突在某些情況下可能會相互轉換。因為工作衝突，人們可能會因此爭得面紅耳赤，再進一步可能就會影響到人際關係；反過來，人際衝突達到一定程度，人們也會因為對人的偏見而影響到對其觀點的看法。

2.衝突的必然性

團隊領導必須接受這樣一個事實：在任何時候，兩個或兩個以上的人在一起都可能會產生衝突。

例如，團隊因圓滿完成任務而獲得一筆獎金，這時團隊成員就會圍繞如何使用獎金這一問題而發生一些爭議：有人主張把獎金發放給全體成員，也有人主張留下來用於團隊的繼續發展和提高，從而出現了爭議。或者一個銷售經理可能希望儲備很多產品存貨，以保證客戶需要時能快速供貨，但對於生產經理來說，他要求限制庫存，壓縮倉庫成本，可能也會發生衝突。

在以上這兩種情況中，所有人的意圖都很好，但如果都堅持各自的觀點，衝突就會不可避免地發生。

二、如何看待衝突

人們對於衝突的看法也是相互「衝突」的，主要有以下三種觀點：

1.傳統的觀點

傳統的觀點在 20 世紀 30、40 年代比較流行，這種觀點認爲：衝突是不好的，是一種消極因素，它表明團隊內部功能有失調的現象，導致衝突的原因可能是溝通不良，缺乏誠信，因此應該儘量避免衝突。

2.人際關係的觀點

人際關係的觀點是在 20 世紀 70、80 年代產生的，這種觀點認爲：對於所有的組織和團隊而言，衝突是與生俱來、無法避免的。人際關係學派建議，既然衝突在所難免，我們就應該以一種接納的態度面對衝突，把衝突的存在合理化，衝突不可能被徹底消除，更何況有些衝突對於團隊工作還是有益的。

3.相互作用的觀點

相互作用的觀點是最近提出來的，這種觀點不僅接納衝突，甚至鼓勵衝突，他們認爲：和平安寧的組織或團隊容易對變革產生冷漠、靜止甚至比較遲鈍的感覺，所以鼓勵團隊維持衝突的適當水平，有利於團隊保持一種旺盛的生命力，使團隊成員善於自我批評，並不斷創新。

以上是三種不同的觀點，直接斷言那種觀點的好壞顯然不恰當，衝突的利弊取決於這種衝突是建設性的，還是破壞性的。

第二節　衝突的過程

　　團隊的衝突是一個動態的過程，是從衝突的相關主體的潛在矛盾映射為彼此的衝突意識，再醞釀成彼此的衝突行為意向，然後表現出彼此顯性的衝突行為，最終造成衝突的結果與影響。這是一個逐步演進和變化的互動過程。

　　美國學者龐地將衝突的過程分為下面五個階段。

圖 11-1　衝突過程五階段

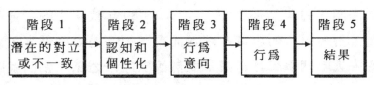

階段 1	階段 2	階段 3	階段 4	階段 5
潛在的對立或不一致	認知和個性化	行為意向	行為	結果

一、潛在對立或不一致階段

　　潛在的對立或不一致是因為團隊中發生交互關係和互動過程的不同主體彼此之間存在能夠引發衝突的一些必要條件。這些條件雖然不一定直接導致衝突，但往往都潛伏在衝突的背後，成為衝突產生的「導火索」。

　　例如，才到興華技術公司工作幾個月的小李就遇到了這樣的問題。他在出色完成了團隊的任務後，本以為主管會對自己進行表揚，可是主管老劉卻說：「小李，你的工作方法是不是還

有待改進？雖然按時完成了任務，但你的工作進度還是比其他部門慢。」小李聽後真是怒火中燒。其實，這位領導者本想鼓勵小李繼續工作，沒想到由於自己的表達不當，導致了他們之間的衝突。而「表達不當」的問題不僅僅是語言問題，而且有其潛在原因。引起團隊衝突的潛在因素可以分為以下三類。

1.個體間的差異因素

每個人都有獨特的個性特點和行為習慣，世界上沒有完全相同的兩個人。在團隊中，成員的個人因素方面存在的不同差異會導致各種各樣的衝突。這種差異主要包括以下幾個方面。

(1)年齡的差別。不同年齡的人由於社會經歷和社會知識的差異，出現了不同的定性反應，致使雙方難以相互理解，因而釀成衝突。有些年輕人總感到年紀大的人思想保守、頑固，不接受新事物。而年紀大的人往往認為年輕人浮躁、自傲。這些偏見是成員之間產生衝突的潛在因素。

(2)職位的不同。在一個團隊中，各個不同職位的人應當認真把守好自己的崗位，尤其是領導團隊。如果本位思想嚴重，就會渙散團體士氣而導致衝突。例如，在有的企業，廠長自己處於組織行政指揮的「中心地位」，黨委書記則強調自己代表黨而處於「核心地位」，他們遇事不是協同商量研究，而是互相爭權拆臺，爭吵不休。

(3)思維的不同。由於人們在知識、經驗、態度、觀點等方面存在差異，往往對同一事物有不同的認識，由此會產生一定的衝突。例如，在改革的步子上、用人的觀念上、團隊目標的設想上等，往往都會存在差異以致產生矛盾和發生衝突。

顯然，前例中的老劉與小李在年齡(這也蘊含著工作資歷)、職位以及思維方式上，都存在著一定的差異，當上述差異體現在工作任務和評價上時，就很可能會發生衝突。

2.團隊的結構因素

可以從以下幾個方面來看團隊的結構情況。

首先，從團隊成員的構成來看。如果團隊由具有不同利益或者不同價值觀、人際風格的成員組成，成員們對團隊的認識肯定會不一致；同時，隨著團隊的發展，團隊成員可能會改變，當新成員加入團隊時，團隊的穩定性被破壞，就可能引起衝突。

其次，從團隊的規模來看。當團隊規模越來越大，任務越來越專業化的時候，團隊成員的分工就越細緻，都有明確的工作範圍和界限，如果其他成員有所涉及或進行干預，發生衝突的可能性就會加大。

最後，任職的時間和衝突成反比。團隊成員越年輕，在團隊工作的時間越短，發生衝突的可能性越大。

3.溝通不良的因素

溝通不良是引起團隊衝突的重要方面。團隊成員之間彼此存在差異，如果能夠順利進行交流，相互理解，那麼發生衝突的可能性就會大大減少。相反，如果溝通渠道不順暢，溝通活動缺乏，衝突就會出現。

例如，某企業聘請了一位營銷總監，而其下級營銷員們私下對這位總監多有抱怨：「陳總監和過去的總監不一樣，總是變幻無常，很難溝通和交流。你知道上一任總監可不是這樣！」而這種抱怨並沒有被新來的陳總監所瞭解，這就會成為發生衝

突的潛在因素，一旦暴露出來衝突就有可能發生。

　　團隊溝通不良可能引起團隊成員之間衝突的問題，經常表現在以下幾個方面：資訊的差異、評價指標（如任務完成標準）的差異、傾聽技巧的缺乏、語言理解的困難、溝通過程中的噪音（即干擾）以及團隊成員之間的誤解等。

二、認知和個性化階段

　　衝突的認知是指當潛在的對立和不一致出現後，雙方意識到衝突的出現。也就是說，在這一階段客觀存在的對立或不一致將被衝突的主體意識到，產生相應的知覺，開始推測和辨別是否會有衝突以及是什麼類型的衝突。

　　意識到衝突並不代表著衝突已經個性化。對衝突的個性化的處理將決定衝突的性質，因為此時個人的情感已經介入其中。雙方面臨衝突時會有不同的心理反應，他們對於衝突性質的界定在很大程度上影響著解決的方法。例如，團隊決定給某位成員加薪，在其他成員看來，有人可能認為與自己無關從而淡化問題，這時衝突不會發生；而另外一些人可能會認為別人加薪就意味著自己工資的下降，這樣就使得衝突發生甚至升級。

三、行為意向階段

　　衝突的第三個階段是行為意向階段，這一階段的特點體現在團隊成員意識到衝突後，要根據衝突的定義和自己對衝突的

認識與判別，開始醞釀和確定自己在衝突中的行為策略和各種可能的衝突處理方式。行為意向的可能性包括以下幾種。

1. 迴避

迴避是一種團隊成員不相互合作處理衝突的消極行為意向。這種行為意向表現在對衝突採取的既不合作，也不維護自身利益，使其不了了之的做法上。此方法適用於解決起因於瑣碎小事並無關宏旨的團隊衝突。

2. 合作

合作是一種團隊成員自我肯定並相互合作處理衝突的積極行為意向。這種行為意向旨在通過與對方一起尋求解決問題的方法，進行互惠互利的雙贏談判來解決衝突。此方法適用於解決成員之間共同利益較多和具有理解、溝通基礎的團隊衝突。

3. 妥協

妥協是一種團隊成員的相互合作程度與自我肯定程度均處於中等水平的處理衝突的行為意向。妥協可以看做是半積極的行為意向。具有這種行為意向的雙方都放棄一些應得的利益，以求事物的繼續發展，雙方也共同承擔後果。妥協在一定程度上類似於合作。在團隊為處理複雜問題而尋求一個暫時的解決方案時常常用到這種方法。

4. 競爭

競爭是一種團隊成員自我肯定但不相互合作處理衝突的行為意向。這種行為意向旨在尋求自我利益的滿足而不考慮他人，在團隊中具有一定的對抗性。當團隊需要在作出快速、重大的決策後採取重要但不受歡迎的行動時往往用到這種方法。

5. 遷就

遷就是一種團隊成員自我不肯定並相互合作處理衝突的行為意向。這種行為意向旨在維持整體友好共存關係，衝突一方作出讓步甚至願意自我犧牲以服從他人。此方法適用於將團隊工作的重點放在營造和諧、平靜氣氛條件下的衝突的解決。

四、衝突出現階段

衝突出現階段指衝突公開表現的階段，即行為階段。進入此階段後，不同團隊衝突主體在自己衝突行為意向的引導或影響下，正式做出一定的衝突行為來貫徹自己的意志，試圖阻止或影響對方的目標實現，努力實現自己的願望。其形式往往是一方提出要求，另一方進行爭辯，是一個相互的、動態的過程。

這一階段的行為體現在衝突雙方進行的說明、活動和態度上，即一方採取行動看另一方的反應。此時，衝突的行為往往帶有刺激性和對立性，而且有時外顯的行為會偏離原本的意圖。

五、衝突結果階段

衝突對團隊可能造成兩種截然相反的結果。

1. 積極的結果

導致積極的結果的衝突是建設性的衝突。這種衝突對實現團隊目標是有幫助的，可以增強團隊內部的凝聚力和團結性，提高決策質量，激發員工的積極性，提供問題公開解決的渠道

等，尤其是激發改革與創新。一般來說，每個人都有一定的工作模式，只有當某人向我們的效率發出挑戰，並在某種程度上發生衝突時，人們才會考慮新的工作方法，開始積極的改革和創新，這就是衝突的積極結果。

研究表明，有益的衝突還有助於作出更好更有創新的決定並提高團隊的協作效率。如果團隊的意見統一，績效的提高程度有時反而較小。有時，建設性衝突還能決定一個公司的成敗。

2.消極的結果

導致消極的結果的衝突是破壞性的衝突。這種衝突會給團隊帶來一些消極的影響，如凝聚力降低、成員的努力偏離目標方向、組織資源的流向與預期相反、團隊的資源被浪費等。更嚴重的是，如果不解決這種衝突，團隊的功能將會徹底癱瘓，甚至威脅到團隊的存亡。

例如，美國一家著名的律師事務公司倒閉，其原因只是因為 80 位合夥人不能和睦相處。一位法律顧問在解釋時說：「這個公司的合夥人之間有著原則性的差異，是不能調和的。這家公司沒有經濟上的問題，問題在於他們之間彼此相互憎恨。」可見，消極衝突的危害多麼嚴重。

希爾斯轉軌零售業務

1925 年，希爾斯公司建立零售商店，直接出售貨物。這與以前希爾斯公司僅僅散發商品名冊的方法有著明顯的不同，也正因為如此，希爾斯公司的銷售策略伴隨著衝突。

希爾斯公司的組織結構是高度集中的，它絕對限制零售商

店的決策許可權，這與每個零售店為顧客服務的目的發生了本質的衝突——零售店管理需要更多的自主權。

希爾斯公司為了解決這種衝突，在 20 世紀 40 年代早期建立起一套新的分權機構，成功促進了該公司零售業務的發展。

第三節　團隊衝突應如何處理

團隊衝突是團隊發展過程中的一種普遍現象。美國管理協會進行的一項針對中層和高層管理人員的調查表明，管理者平均要花費 20%的時間來處理衝突，可見，有效解決團隊中的衝突問題至關重要。當發生團隊衝突時，首先要對衝突的性質進行全面細緻的分析。在實踐過程中，常常會遇到各種各樣的衝突：有的已形成現實，有的還是潛在的；有的水平過低，有的過高；有的是建設性的，有的是破壞性的。所以必須要分清各種各樣的衝突，才能採取有效的技術，有針對性地解決問題。處理團隊衝突包括消除破壞性的衝突和激發建設性的衝突。

一、消除破壞性衝突的技術

消除破壞性衝突的技術有以下幾種。

1.問題解決
問題解決的技術又稱「正視法」，即發生團隊衝突的雙方

進行會晤，直面衝突的原因和實質，通過坦誠地討論來確定並解決衝突。在討論過程中要注意溝通策略，不能針對人，只能針對事，因爲這種技術是以互相信任與真誠合作爲基礎和前提的。其具體做法如下。

(1)面對面的會議，指把問題擺在桌面上，以正式溝通的方式，列出導致團隊衝突的主要分歧所在，不爭勝負，只允許討論消除分歧和妥善處理衝突的方法及措施。

(2)角色互換。由於成員資訊、認識、價值觀等主觀因素的不一致，常常會引發衝突。鑑於此，團隊成員之間可以設身處地地爲對方著想，設想自己處於對方的地位和環境中，從而達到相互理解，並解決衝突。

2.轉移目標

轉移目標的技術包括：一是轉移到外部，指雙方可以尋找另一個共同的外部競爭者或一個能將衝突雙方的注意力轉向外部的目標，來降低團隊內部的衝突；二是目標升級，指通過提出能使雙方的利益更大的，並且是高一級的目標，來減少雙方現實的利益衝突，這一更高的目標往往由上一級提出。

在團隊中轉移目標和目標升級的過程可以使衝突雙方暫時忽略彼此的分歧，從而使衝突逐漸化解。同時，由於目標的變化，雙方共同合作的機會增加了，這有利於雙方重新審視自己工作中的問題，從而加強成員間的共識與合作。

但此法知易行難，因爲在實際操作中，衝突雙方必須相互信任，而且共同目標的制定也不能太過於理想化而脫離實際，這對於團隊管理者來說是很困難的。

3.開發資源

如果衝突的發生是由於團隊資源的缺乏造成的，那麼致力於資源的開發就可以產生雙贏的效果；如果是由於缺乏人才，團隊就可以通過外聘、內部培訓來滿足需要；如果是由於資金缺乏或費用緊張，則可以通過申請款項和貸款等方法來融通資金，以滿足不同團隊的需求，從而化解衝突。

4.廻避或抑制衝突

這是一種消極的解決衝突的技術，是一種試圖將自己置身於衝突之外，或無視雙方分歧的做法，以「難得糊塗」的心態來對待衝突。這種方法常適用於以下情形：在面臨小事時；當認識到自己無法獲益時；當付出的代價大於得到的報償時；當其他人可以更有效地解決衝突時。當問題已經離題時，此方法可以避免衝突的擴大；當衝突主體相互依賴性很低時，還可以避免衝突或減少衝突的消極結果。

廻避或抑制衝突的具體技術主要有：

①忽略衝突並希望衝突的消失；

②控制言行來避免正面的衝突；

③以緩和的程序和節奏來抑制衝突；

④將問題束之高閣不予解決；

⑤以組織的規則和政策作爲解決衝突的原則。

5.緩和

緩和法的思路是尋找共同的利益點，先解決次要的分歧點，擱置主要的分歧點，設法創造條件並拖延時間，使衝突降低其重要性和尖銳性，從而變得好解決。雖然此法只是解決部

分的而非實質性的衝突，但卻在一定程度上緩和了衝突，並為以後處理衝突贏得了時間。具體的方法如下。

(1)降低分歧的程度，強調各方的共同利益和共同做法，使大事化小，小事化了。

(2)相互讓步。各有得失，令各方都能接受，即中庸之道，需要雙方都作出讓步才能取得大家都能接受的結果。應當注意的是，衝突很可能還會再起來，因此要儘快實質性地解決問題。

6. 折中

折中實質上就是妥協，團隊衝突的雙方進行一種「交易」，各自都放棄某些東西而共同分享利益，適度地滿足自己的關心點和滿足他人的關心點，通過一系列的談判和讓步避免陷入僵局，衝突雙方沒有明顯的贏家和輸家。這是一種經常被人們所使用的處理矛盾的方法，一般有助於改善衝突雙方的關係並使之保持和諧。

折中技術通常在以下場合運用：

①當合作或競爭都未成功時；

②由於時間有限而採取的權宜之計；

③當對方權利與自己相當時；

④為了使複雜的問題得到暫時的平息時；

⑤目標很重要，但不值得與對方鬧翻時。

運用此方法時，要注意雙方應當相互信任並保持靈活應變的態度，不能為了短期利益，犧牲了長遠利益。

7. 上級命令

這是指通過團隊的上級管理層運用正式權威來解決衝

突。當衝突雙方通過協商不能解決衝突時，按「下級服從上級」的團隊原則，強迫衝突雙方執行上級的決定或命令。

這種使用權威命令的方法一般是不能從本質上解決問題的，只有在緊急情況下才有其特殊的作用，不能濫用命令，發號施令，並要注意上級裁決的公正性。

8.改變人的因素

團隊之間的衝突在很大程度上是由於人際交往技巧的缺乏造成的，因此，運用行為改變技術（如敏感性訓練等）來提高團隊成員的人際交往技能，是有利於改變衝突雙方的態度和行為的。此外，通過對衝突較多的部門之間的人員進行互換，也有利於工作的協調和衝突的緩解。

9.改變組織結構因素

通過重新設置崗位、進行工作再設計及激發團隊小組成員等方式，可以因改變正式的組織結構、變化工作目標而減緩衝突，也可以協調雙方相互作用的機制，還可以消除衝突根源。進行團隊改組，重新設計團隊現有的工作崗位和責權利關係，以確保職責無空白、無重疊，即基於新的任務組建新的團隊，將有利於徹底地解決衝突。

二、激發建設性衝突的技術

缺乏建設性衝突而使公司蒙受損失是必然的。有些公司甚至只提升那些「和事佬」，這些人對公司忠誠到了極點，以至於從不對任何人說一個「不」字。由這樣的人組成的團隊和公司

難道能夠取得成功嗎？這裏介紹幾種主要的激發有益衝突的技術。

（一）運用溝通技術

溝通是緩解團隊成員之間的壓力及矛盾的最有利的方式，同樣也是激發團隊建設性衝突的技術。運用溝通技術主要分爲以下兩種情況。

1.上級向下屬團隊提倡新觀念，鼓勵成員創新，明確衝突的合法地位。對於衝突過程中出現的不同意見乃至一些未確認的「錯誤」，團隊管理者不應輕易地進行批評、指責，而是要給予冷靜地分析，對引發衝突的原因進行深入的思考。例如，惠普公司對持不同意見的人進行獎勵，不論其想法是否被企業採納。又如，IBM 的員工可以評判和批評自己的上司，向上司提出質疑，而不會受到懲罰。這些都是運用溝通激發的有效衝突。

2.運用具有威脅性或模棱兩可的資訊促進人們積極思維，改進對事物漠然處之的態度，提高衝突的水平。例如，團隊的領導者在任命重要職位的幹部時，可以先把可能的人選資訊通過非正式的渠道散佈爲「小道消息」，以試探和激發公眾的不同反應與衝突。當引發的副面反應強烈，衝突水平過高時，則可以正式否認或消除資訊源；若衝突水平適當，正面反應佔主導地位時，則可正式任命。

（二）鼓勵團隊成員之間的適度競爭

鼓勵競爭的方式包括開展生產競賽、公告績效記錄、根據績效提高報酬支付水平等。競爭能夠提高團隊成員的積極性。

但是，必須注意對競爭加以嚴格控制，嚴防競爭過度和不公平競爭對團隊造成的損害。

（三）引進新人

引進新人作爲激勵現有成員的作用機制，被人們稱之爲「鯰魚效應」。其機理在於通過從外界招聘或內部調動的方式引進背景、價值觀、態度或管理風格與當前團隊成員不相同的個體，來激發團隊的新思維、新做法，造成與舊觀念的碰撞、互動，從而形成團隊成員之間的良性衝突。此方法也是在鼓勵競爭，而且，從外部進入的不同的聲音，還會讓領導者「兼聽則明」，作出正確的決策。

（四）重新構建團隊

重新構建團隊是指改變原有的團隊關係和規章制度，變革團隊和個人之間的相互依賴關係，重新組合成新的工作團隊。這種做法能打破原有的平衡和利益關係格局，從而提高衝突水平。重新構建團隊與前面的「改變組織結構」是相似的，不同的是，這裏的「構建新團隊」的技術是主動的，而前面的「改變組織結構」的技術是被動的。

減少衝突

狼是最善於交流的食肉動物之一，狼群愛好和平，它們認爲溝通勝於暴力。狼與狼之間很少有那種置人於死地的打鬥，它們之間的衝突往往採用溫和的手段解決。

因此，群狼借標記來劃分自己的屬地，它們或以咆哮聲來向其他動物清楚地宣示屬於自己的領域範圍，或者在樹幹、石頭或其他可能的任意界限物上撒尿，以氣味昭示領域資訊。狼嗅到這種由其他狼群發出的資訊後，就會主動自覺地離開這塊領地，就像人們不會非法闖入私人住宅一樣。

一旦狼群發現自己的領域被入侵者威脅時，它們將會轉變成為捍衛族群領域的狂野守護者。它們會使用針鋒相對的長嘯來展示自己的強壯，以期得到有效的溝通。因為狼很善於交流，所以，很少引起內訌，更不會搏鬥到真正置對方於死地的地步，從而避免了很多暴力、失敗和死亡。

在自然界中，狼是一個複雜而重要的種群，它們具有良好的體能和優秀的心理素質。它們在哺育幼崽時，可以忍饑挨餓，不畏艱險，把全部的愛都傾注到孩子身上。在對抗侵略者和捕殺大型獵物的重要時刻，它們都能顯示出良好的協調性和勇敢的犧牲精神。

狼群以特有的集群狩獵方式，在弱肉強食的自然環境中獲得了可貴的繁衍和生存空間。當然，在這個大家族裏，偶爾也會發生爭執，只是更多時候，為了避免自相殘殺，這樣的爭執往往會適可而止，在年長狼的干預下進行必要的交流。

狼群的溝通使得它們能有效地減少彼此的衝突。如果人類能像狼一樣認識到這一點，就能減少很多矛盾。

第四節 處理衝突的策略

一、湯瑪斯－基爾曼衝突測驗法

(一)測試說明

請想像一下你的觀點與另一個人的觀點產生分歧的情景。在此情況下你通常做出怎樣的反應？

下列的幾對陳述描述了可能出現的行為反應。在每一對陳述句中，請在最恰當地描述你自己行為特點的陳述句前的字母「A」或「B」上劃圈。

在許多情況下，A 和 B 都不能典型地體現你的行為特點，但請選擇你較可能出現的反應。

1. A.有時我讓他人承擔解決問題的責任

    B.與對方討論分歧點，我試圖強調我們的共同之處

2. A.我試圖找到一個妥協性解決方法

    B.我試圖考慮到雙方都關心的所有方面

3. A.我通常堅定地追求自己的目標

    B.我可能嘗試緩和對方的情感，來保持我們的關係

4. A.我試圖找到一個妥協性方案

    B.我有時犧牲自己的意志，而成全他人的願望

5. A.在制訂解決方案時我總是求得對方的協助

B.爲避免不利的緊張狀態，我做一些必要的努力

6.A.我努力避免給自己造成不愉快

B.我力求使自己的立場獲勝

7.A.我試圖推遲對問題的處理，使自己有時間考慮一番

B.我放棄某些目標作爲交換以獲得其他目標

8.A.我通常堅定地追求自己的目標

B.我試圖將問題的所有方面儘快擺在桌面上

9.A.感到意見分歧並不總是令人擔心

B.爲達到我的目的，我做一些努力

10.A.我堅定地追求自己的目標

B.我試圖找到一個妥協方案

11.A.我試圖將問題的所有方面儘快擺到桌面上

B.我可能努力地緩和他人的情感從而維持我們的關係

12.A.我有時避免選擇可能產生矛盾的立場

B.如對方做一些妥協，我也將有所妥協

13.A.我採取折中的方案

B.我極力闡明自己的觀點

14.A.我告知對方我的觀點，詢問對方的看法

B.我試圖將自己立場的邏輯和利益顯示給對方

15.A.我可能試圖緩和他人的情感從而維持我們的關係

B.爲避免緊張狀態，我做一些必要的努力

16.A.我試圖不傷害他人的感情

B.我試圖勸說對方接受自己的觀點

17.A.我通常堅定地追求自己的目標

　　B.為避免不利的緊張狀態，我做一些必要的努力

18.A.如能使對方感覺愉快,我可能尊重並允許對方保留他
　　自己的觀點

　　B.如對方有所妥協，我也將做一些妥協

19.A.我試圖將問題的所有方面儘快擺在桌面上

　　B.我試圖推遲對問題的處理,使自己有時間做一番考慮

20.A.我試圖立即對分歧之處進行協調

　　B.我試圖為我們雙方找到一個公平的得失組合

21.A.在進行談判調解時，我試圖考慮到對方的願望

　　B.我總是傾向於對問題進行直接商討

22.A.我試圖找到一個界於我與對方之間的位置

　　B.我極力主張自己的願望

23.A.我一貫堅持儘量滿足我們雙方所有的願望

　　B.有時我讓他人承擔解決問題的責任

24.A.如果對方觀點對其自身十分重要,我會試圖滿足其願
　　望

　　B.我試圖與對方妥協解決問題

25.A.我試圖將自己立場的邏輯與利益顯示給對方

　　B.在進行談判調解時，我試圖考慮到對方的願望

26.A.我採取折中的方案

　　B.我幾乎總是關心滿足我們所有的願望

27.A.我有時避免採取可能產生矛盾的姿態

　　B.如能使對方愉快,我可能讓對方保留其觀點

28.A.我通常堅定地追求自己的目標

B.在找出解決方案時，我通常求得對方的幫助

29.A.我採取折中的方案

　　B.我覺得分歧之處不總是值得令人擔心

30.A.我試圖不傷害對方的情感

　　B.我總是與對方共同承擔解決問題的責任

(二)湯瑪斯-基爾曼衝突方式測試表評分

在每對問題中選的字母上劃圈：

表 11-1　測試表評分表

1				A	B
2		B	A		
3	A				B
4			A		B
5		A		B	
6	B			A	
7			B	A	
8	A	B			
9	B			A	
10	A		B		
11		A			B
12			B	A	
13	B		A		
14	B	A			
15	B			A	
16	B				A
17	A			B	
18			B		A

19		A		B	
20		A	B		
21		B			A
22	B		A		
23		A		B	
24	B				A
25		A	B		
26		B	A		
27				A	B
28	A	B			
29			A	B	
30		B			A

每一列中被劃圈的字母總數匯總：

競爭　　合作　　妥協　　回避　　遷就

　　每個人的行為都可以區分成合作性和武斷性兩種。合作性就是力圖滿足別人願望的程度，武斷性就是力圖滿足自己願望的程度，越是強調滿足別人願望，就說明合作性行為越強；越是強調滿足自己的願望，武斷性行為越高。按照這種合作性和武斷性的不同程度的阻合，可以分成五種解決衝突的策略：

　　競爭──高度武斷且不合作。在座標中處於左上角位置；

　　遷就──不武斷且保持合作。在座標中處於右下角位置；

　　廻避──不武斷也不合作。在座標中處於左下角位置；

　　合作──高度武斷且高度合作。在座標中處於右上角位置；

妥協(或折中)——中等程度的合作，中等程度的武斷。在座標中處於前四個策略的中間。

湯瑪斯-基爾曼衝突處理的兩維模式如圖 11-2 所示。

圖 11-2　合作性和武斷性

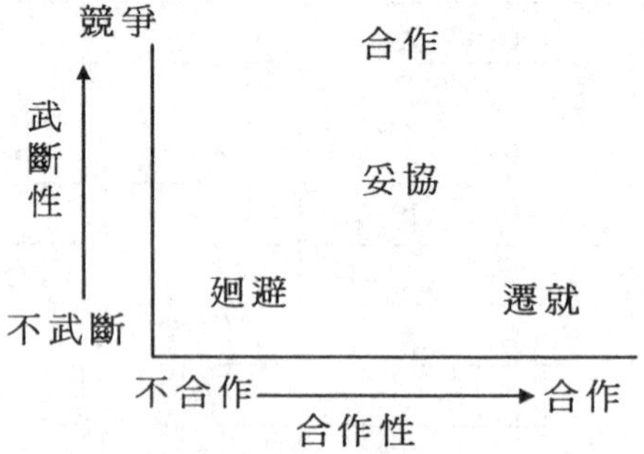

二、湯瑪斯-基爾曼衝突法的策略

1.競爭的策略

(1)競爭策略的缺點

不能觸及衝突的根本原因，不能令對方心服口服，只是強迫對方去完成。

(2)競爭策略的行為特點

競爭策略是一種對抗的、武斷的和挑釁的行為，為了取勝不惜付出任何代價。

(3)採用競爭策略的理由

・認為只有適者才能生存，所以必須要在競爭中取勝。

・個人的優越性一定要得到證明。

・於情於理肯定自己是正確的，一定要爭論到底。

⑷何時使用競爭策略

當需要快速進行決策的時候，如遇到緊急情況，必須立即採取行動。例如公司的一個廣告牌倒了，這時圍繞著怎樣處理被廣告牌砸傷的路人有幾種不同意見，作為領導必須立即採取行動，這時就要採取競爭的策略。

執行重要的且又不受歡迎的行動計劃時。如縮減預算，執行考勤記錄，這些做法對於公司是有好處的，但可能不會受到廣泛歡迎，此時可以採取競爭的策略。

進行重要的決策時。如公司需要進行一項變革，可能會使老管理層產生不滿,但為了公司的長遠發展必須採取競爭策略。

當有人企圖利用你的非競爭性行為時，可以採用競爭策略。很多人認為你平時可能很遷就他人，在這種情況下，一旦有人在原則性問題上利用你的弱點，你則可以採取競爭策略，讓其無機可乘。

2.遷就的策略

指一方為了撫慰另一方，並維持良好的關係，願意把對方的利益放在自己的利益之上，願意自我犧牲，遵從他人觀點。

⑴遷就策略的缺點

遷就他人自然會受到別人的歡迎，但有時在重要問題上一味地遷就，可能會被視為軟弱。團隊中經常會出現遷就的情況，如團隊 9 個角色中的凝聚者經常會遵從其他人的觀點和意見，不願提出自己的想法。

⑵遷就策略的行為特點

寬容別人，為了合作不惜犧牲個人的目標。

(3)遷就策略的採用理由

認為不值得冒險去破壞某種關係或造成普遍的不和諧。

(4)何時使用遷就策略

・認為自己不正確的時候，這時不要為了顧及面子而固執己見。

・當事情對於別人來說更為重要時。

・為了將來在重要事情上能建立信用基礎。

・當競爭難以取得成效的時候。

・當和諧比分裂更重要的時候。如在團隊最困難的時候，特別需要和諧的團隊氣氛，因此大家應盡可能多一些寬容和遷就。

3.迴避的策略

迴避是指一個人意識到衝突的存在，希望逃避而採取的既不合作，也不維護自身利益，一躲了之的辦法。

(1)避策略的缺點

採取迴避的辦法可維持暫時的平衡但最終不能解決問題。

(2)迴避策略的行為特點

・不合作，也不武斷。

・對自己和其他人都沒有什麼要求。

・忽視某個問題，或否認它是一個問題。

(3)迴避策略的採用理由

・分歧太小或太大，小到可以忽略或大到根本無法解決。

・解決分歧可能會破壞關係，導致問題向更嚴重方向發展。

・試圖忽略衝突，迴避其他人與自己不同的意見。

(4)何時使用廻避策略

- 當問題並不重要的時候。
- 衝突帶來的損失大於解決問題所帶來的利益時。
- 希望別人能冷靜下來的時候，應採取暫時廻避的策略，有時間讓對方考慮清楚。
- 爲獲取更多的資訊而暫時廻避。
- 當別人能夠更有效地解決問題時。

4. **合作的策略**

合作是指主動與對方一起尋求解決問題的辦法，是一種互惠互利的策略，是雙贏。此時雙方的意圖都可以坦率地澄清，而不是互相遷就。

(1)合作策略的缺點

通常合作的方式比較受歡迎，是一種能適應多種環境的雙贏的策略，但它也有不可避免的缺點，比如：

- 合作是一個漫長談判和達成協定的過程，需要很多的時間和精力。
- 有時在解決衝突時不一定適用。有時候解決思想問題，一般是一方說服另一方，採用競爭的方式更適合一些。

(2)合作策略的行爲特點

- 雙方的需要都是合理或重要的，那一方放棄都不可能，也不應該。
- 雙方相互支持，高度尊重，願意通過合作來解決問題。

(3)合作策略的採用理由

當雙方公開坦誠地討論問題時，能找到互惠的解決方案，

而不需要任何人做出讓步。

⑷何時使用合作策略

· 當雙方的利益都很重要，而且不能夠折中，力求一致的
解決方案時。

· 當你的目標是學習、測試、假想或瞭解他人的觀點時。

· 當需要從不同角度解決問題時。

5. 妥協的策略

妥協是指雙方都願意放棄自己的部分利益，並且共同分享
部分利益。其目的在於得到一個快速的、雙方都可以接受的方
案。妥協的方式沒有明顯的輸家和贏家，在非原則問題上使用
比較適合。

⑴妥協策略的行為特點

· 是一種中等程度的合作和中等程度的武斷。

· 雙方都實現自己最基本的目標。

⑵妥協策略的採用理由

· 沒有一件事可以達到十全十美，既然客觀上難以盡善盡
美，不妨退一步求其次。

· 與其競爭反而會造成兩敗俱傷，不如各退一步也就海闊
天空。

⑶何時使用妥協策略

· 當目標的重要性處於中等程度的時候。

· 雙方勢均力敵，競爭可能會導致兩敗俱傷時。

· 要尋找一個複雜問題的暫時性解決方法時。

· 面臨時間壓力時，沒有更多的時間去合作。

‧協作與競爭方法失敗後的預備措施。

在五種策略方式當中，並沒有最好的和最差的，而是要在不同的情況下採取適當的解決衝突的策略。

打造你的成功團隊 培訓遊戲

遊戲名稱：信任背摔

主旨：

站在1.5米高的高臺上，雙手被綁，身體挺直，向後倒下，倒落在下面隊友的手臂中。此項目看似簡單，但在整個過程中，完成的效果是不同的。這可以反映出很多情況，如團隊中信任如何建立，信任如何達成，是否遵守信用；是否能換位思考，體會站在臺上的人的感受；個人是否具有責任感、自我控制能力和勇氣等。

◎ **遊戲開始：**

人數：10人

時間：50分鐘

場地：空地或操場

材料準備：一個1.5～1.8米高的平臺

◎ **遊戲步驟：**

1.遊戲開始之前，讓所有學員摘下手錶、戒指以及帶扣的腰帶等尖銳物件，並把口袋掏空。

2.選兩個志願者，一個由高處跌落，另一個作爲監護員，

負責監控整個遊戲進程。讓他倆都站到平臺上。

3.其餘學員在平臺前面排成兩列，佇列和平臺形成一個合適角度，例如垂直於平臺前沿，這些人將負責承接跌落者。他們必須肩並肩從低到高排成兩列，相對而立。要求這些學員向前伸直胳膊，交替排列，掌心向上，形成一個安全的承接區。他們不能和對面的隊友拉手或者彼此攙住對方的胳膊或手腕，因爲這樣承接跌落者時，很有可能會相互碰頭。

4.監護員的職責是保證跌落者正確倒下，並做好充分準備，能直接倒在兩列學員之間的承接區上。因爲跌落者要向後倒，所以他必須背對承接隊伍。監護員負責保證跌落者兩腿夾緊，兩手放在衣兜裏緊貼身體；或者兩臂夾緊身體，兩手緊貼大腿兩側(這樣能避免兩手隨意擺動)。跌落者下落時要始終挺直身體，不能彎曲。如果他們彎腰，他們有可能會被砸倒在地。監護員還要保證跌落者頭部向後傾斜，身體挺直，直到他們倒下後被傳送至隊尾爲止。

5.監護員應該負責察看承接隊伍是否按個頭高低或者力氣大小均勻排列，必要時讓他們重新排隊。並且要時刻做好準備來承接跌落者。

6.跌落者應該讓監護員知道他什麼時候倒下。聽到監護員喊：「倒」之後，他才能向後倒。

7.隊首的承接員接住跌落者以後，將其傳送至隊尾。

8.隊尾的兩名承接員要始終攙著跌落者的身體，直到他雙腳落地。

9.剛才的跌落者此時變成了隊尾的承接員，靠近平臺的承接員變成了臺上的跌落者。依此一直循環下去，讓每個學員都輪流登場。別忘了讓監護員和隊友交換角色，好讓他也能充當承接員和跌落者。

◎ 遊戲要點：

1.組對承接跌落者的人要摘下眼鏡、手錶、戒指等裝飾物，以免擦傷他人或自己。

2.應儘量保證身高相同的人在一起組對，並讓個兒矮的排在靠近平臺的地方，個子高的排在平臺的遠端。要腳靠腳，腿並緊，手平鋪，與身邊的人緊密相依，才能保證跌落者的安全。

3.跌落者準備好後，說一句：「請朋友們保護我。」承接隊準備好後集體回答：「請你相信我們！」然後再由培訓師向跌落者發出開始的口令。摔的人可把手捆起來，防止本能反應張開雙手打著承接者，頭要自然低下，不能昂頭，肩也要收緊，保持自然狀態靠重力下落。

4.如果遇到學員膽怯，可以先讓他(她)當承接者，並不斷在進行中鼓勵他。如果大家都非常膽怯，可以先降低平臺或架子的高度，甚至在平地上進行。

5.訓練結束後，一定讓每個學員分享自己的感受，這一點非常重要。

第 *12* 章
成功團隊贏在學習

　　企業應該成為一個與時俱進的學習型組織。團隊要不斷成長，必須讓團隊持續地學習，時刻保持一顆主動接受教育的心態。學習如同充電是一個循序漸進的過程，在團隊中要經常灌輸學習的觀念是非常重要。

案例研究

　　穆裏尼奧多次參加奧運會，前後共獲得了 10 枚金牌。後來，他做了職業教練。有一天，記者採訪穆裏尼奧，向他請教：「一個人要成功，最重要的是什麼？」

　　穆裏尼奧回答道：「不斷追求新的高度！」他認為：作為一個運動員，在其成長過程中，會經歷很多階段，在任何一個階段安於現狀，都可能導致運動生涯的終止。比如，一個運動員如果獲得地區冠軍就滿足了，絕對不可能獲得全國冠軍；當他獲得全國冠軍就滿足了，絕對不可能獲得世界冠軍；當他獲得一項世界冠軍就滿足了，絕對不可能獲得下一項世界冠軍。

　　「生命不息，奮鬥不止！」穆裏尼奧經常這樣教導他的隊員。隊員們也都很爭氣，沒有讓他失望。在他執教生涯的 20多年中，共有 11 位弟子拿到了世界冠軍。

　　事實上，世界就是競技場，每個人從出生那天起，就投入到比賽中了。比學習成績，比工作成果，比家庭幸福，比事業成就……能夠獲得成功的，總是那些積極進取、不斷突破現狀的人。

第一節　你的成長，決定你的未來

你這個人，決定了你能吸引什麼樣的人。你所吸引來的人，決定了你的團隊，你的團隊影響著你的未來。

如果你希望自己的團隊能不斷成長，你就得讓團隊持續地學習，就得時時刻刻保持一顆主動接受教育的心態。

那麼如何能夠維持一顆接受教育的心態呢？有以下五點需要注意：

1.終點站症候群

我們坐公交車，車到了終點站，有些人到家了，可以放鬆休息了，有些人卻需要換乘另一輛車，繼續下一個奔波。

我們讀書學習，大學畢業了，有些人繼續深造，攻讀研究生，有些人走向工作崗位，走向了另一種學習的途徑，但也有些人從此就遠離讀書、學習。

具有諷刺意味的是，缺乏接受教育的心態往往源於事業有成。有些人誤以為只要自己能夠達到某種目標，就不需要再成長，不需要再學習；有些人是攻讀學位，順利拿到畢業文憑時，以為自己學有所成，不需要學習了，然後停止學習，停止了成長的意願和渴望；有些人是受到提拔，身居高職，以為自己高高在上，有權可用，不需要學習了，然後停止學習，停止進步；有些人獲得某項獎賞，以為自己能力非凡，高人一等，不需要

學習了，然後停止學習，停止進步了……但卓有成效的領袖不會這樣，因爲他知道自己承擔不起這種錯誤的心態，當他們停止成長的那一天，就是他們放棄發揮潛能的那一天。當團隊的某個成員是這種情況時，團隊也一起遭殃。請記住麥當勞那位雷·克洛克的那句警句:「當你身上仍然看得見陷於嫩綠，就表示你仍在成長。一旦你成熟以後，便開始腐朽。」是的，一棵樹停止了生長，就表示它已慢慢走向死亡;一個人停止了成長，停止了進步，就表示他已慢慢腐朽，至少是靈魂已開始死亡。

2. 超越你的成功

　　早就有人說過:優秀是卓越的敵人。一個人太優秀，便無法卓越，不是優秀不好，而是優秀帶給人的心態阻礙了自己的發展。一個優秀的人常常身處優越，常常受人的推崇和讚美，整天生活在一個溫潤的環境享受著舒適安逸的生活，停止了上進之心。事實上，優秀到卓越只一步之遙，不要讓優秀成了卓越的瓶頸和障礙。一根竹筍在長大的過程中如果遇到一堆軟泥，它將順利破土而出，但當它碰到石頭，雖然阻力會大得多，它也會毫不畏懼，它會鉚足勁兒拼命往上衝，石頭最終會被衝開，竹筍然後繼續它的成長。如果優秀到卓越之間夾著一塊石頭，沒關係，拼命往上衝，衝過了就海闊天空。

　　每當團隊成員完成一個大的項目，完成一件艱巨的任務，獲得了某個巨大的成功，就要一邊給予鼓勵和獎勵，一邊給予更大更高的目標讓他們挑戰。前面給蘿蔔，後邊給棒子;前有激勵、有誘惑，後有懲罰、有壓力。讓他們追求快樂，逃避痛苦，還不得不奮蹄疾奔，勇往直前。因爲如果昨日的成就至今

仍讓人津津樂道，就表示他今天還沒有好的成績。

3. 拒絕走捷徑

古時終南捷徑的故事，相信很多人都看過。唐朝那個叫盧藏用的人一心想做官，但又苦於晉升無路，道路坎坷，於是心生一計，假爲隱士，住在當時京城附近的終南山，後果然被召用，盧藏用走了捷徑，並獲成功，但並不是每個人都那麼幸運。人生中每一件有價值的事物都得付出代價才能獲得，如果你想在某一個領域有所成就，就得先計算出它所需要的一切條件，包括你必須付出的代價，然後下決心去得到它。

4. 去掉個人的驕傲

受教育之心的培養，有賴於我們承認自己並非無所不知，這種心態有時並不光彩。不僅如此，如果我們繼續學習，就必須會繼續犯錯。然而，正如著名作家阿爾伯特‧哈伯德所說：「一個人能犯的最大錯誤，就是一直害怕自己將會犯錯誤。」一個人不可能既自傲，同時又願意接受教育。愛默生寫道：「若有所得，必有所失。」若想成長，就必須放下身段去學習。

5. 不重犯相同的過錯

有正確就有錯誤，錯誤是一個正常現象。只有一種人不犯錯誤，那就是死人。

美國總統羅斯福說過：「不犯錯誤的人，不知進步的滋味。」這句話說得好，但如果一個領袖常常犯同樣的錯誤，那就很麻煩，那表示他也停止了進步。作爲一位願意接受教育的領袖，你會有犯錯的可能，錯誤應該被拋諸腦後，但它所教給你的功課卻永遠不可忘記。如果你學不會，它回頭還是會找上你的。

第二節　學歷代表過去，學習力才能代表未來

　　在我的團隊建立過程中，學習觀念的建立是一個常講常新的課題，因爲學習如同充電，又如同吃中藥不是一朝一夕的事情，而是一個循序漸進的過程。所以在組織中經常灌輸學習的觀念是時時刻刻需要注重的事情。

　　領導或主管身體力行是整個團隊建立學習型組織最重要的一個環節，所以在團隊建立的過程中我們應該時刻強調學習的觀念，更應該做身體力行的實踐者，主管更應該是學習的典範和榜樣。這樣上行下效，整個團隊才能真正貫徹學習的觀念。

　　其實，學習應注重實踐和應用。

　　學習重要的不在於掌握多少知識而在於應用多少學到的知識，古人說：知而不行是爲不知，是有道理的。學習是個人的事情。在學習的過程中，除了你自己，沒有任何人可以代勞；通過知識的吸收，加上你不斷地反省、思考，化爲自己寶貴的經驗，這就是智慧的開啓之處，也是奠定你一生能夠持續成長的真正基礎。

　　最後，還要強調一點學習是要付出代價的。

　　人們一般都不會珍惜得來容易的東西，所以往往是錯過或者忽視很多曾經擁有的珍貴財富而到處去尋找並不值得追求的身外之物。當然這是一個所謂價值觀的問題，我們以後會與大

家探討，這裏只是強調不論是對自己還是對團隊都要注意進行學習上的投資。

其實也很好理解：一個課程讓我們免費參加，珍惜的人會很少，甚至往往會找藉口推脫不去，即使勉強去了，也難以全身心投入；而如果一個課程是我們自己拿出成千上萬的金錢報名參加的，恐怕不僅會非常珍惜甚至連一個字都怕漏掉。

有人聽說學習要花錢，熱情度立即下降，要交費的事絕對不幹。他在拒絕學習，他可以不學習，但有一點需要明白，你可以拒絕學習，但你的競爭對手不會！

學習很貴，不學習更貴，這句話也成為很多人的口頭禪，因為它是事實。

學歷只代表過去，學習力代表未來。

很多企業公司認為要建立學習型組織必須有高學歷的員工，其實這是一個誤區，學歷固然是一個人一個階段學習成果的標誌，但絕對不是一個人學習力的完全代表。真正的學習力與學歷之間沒有必然的關係，往往真正的學習力是從生活、工作的實踐中出來的，而很多擁有學歷的人不注重日後的學習和生活、工作中的總結與提升，成了高分低能。

有一個博士分到一家研究所，成為學歷最高的一個人。

有一天他到單位後面的小池塘去釣魚，正好正副所長在他的一左一右，也在釣魚。他只是微微點了點頭，這兩個本科生，有啥好聊的呢？

不一會兒，正所長放下釣竿，伸伸懶腰，蹭蹭蹭從水面上

如飛地走到對面上廁所。

　　博士眼睛珠子瞪得都快掉下來了。水上漂？不會吧？這可是一個池塘啊。

　　正所長上完廁所回來的時候，同樣也是蹭蹭蹭地從水上漂回來了。

　　怎麼回事？博士不好去問，自己是博士生呀！

　　過一陣，副所長也站起來，走幾步，蹭蹭蹭地漂過水面上廁所。這下子博士更是差點昏倒：不會吧，到了一個江湖高手聚集的地方？

　　博士生也內急了。這個池塘兩邊有圍牆，要到對面廁所非得繞十分鐘的路，而回單位上又太遠，怎麼辦？

　　博士生也不願意去問兩位所長，憋了半天後，也起身往水裏一跨：我就不信本科生能過的水面，我博士生不能過。

　　只聽咚的一聲，博士生栽到了水裏。

　　兩位所長將他拉了出來，問他為什麼要下水，他問：「為什麼你們可以走過去呢？」

　　兩位所長相視一笑：「這池塘裏有兩排木樁子，由於這兩天下雨漲水正好在水面下。我們都知道這木樁的位置，所以可以踩著樁子過去。你怎麼不問一聲呢？」

　　這個故事可博大家一笑，笑完之後，我們不得不深思，爲什麼要背負著博士的「包袱」，而不去問一聲呢？學歷代表過去，只有學習力才能代表將來。尊重經驗的人，才能少走彎路。一個好的團隊，也應該是學習型的團隊。所以在我們的團隊除

了日常的知識培訓和學歷教育之外更加注重的是日常經驗的積累和提升。

第三節　學習要與時俱進

在 1930 年以前，英國工人送到訂戶門口的牛奶，奶瓶口既沒蓋子也不封口，因此，山雀與知更鳥這兩種在英國常見的鳥，每天都可以輕鬆愉悅地喝到漂浮在上層的奶油。

後來，隨著科學技術的發展，牛奶公司把奶瓶口用鋁箔封起來，藉以阻止早起的鳥兒偷奶喝。如此之後，牛奶公司總以為可以高枕無憂了。

沒想到大約在 20 年後的 1950 年，英國所有的山雀都學會了把奶瓶上的鋁箔啄破喝它們喜愛的奶油，然而知更鳥卻一直沒學會，無法用嘴啄開奶瓶上的鋁箔，它們自然也就沒奶喝了。

我們佩服山雀的持續不斷的學習精神，它能夠隨著環境的改變而學習不同的東西，以便應付新時代新環境下的生活，套用一句時髦的話，學習也要與時俱進。

如同山雀的成長歷程一樣，企業的成長壯大也是一個不斷學習的過程。舉個簡單的例子，過去的企業沒有電腦，大部分工作都是機械或是手工，隨著科學技術的進步，電腦的普及，人們許多工作都由電腦代替了，如果某些企業沒有學會使用電腦，那麼這個企業難免會落後。可以毫不誇張地說，企業的每

一項進步都是通過學習實現的。的確，科學日新月異，資訊瞬間傳遞，新知識、新經驗、新創舉層出不窮，每天大量的知識奔湧而來。美國《財富》雜誌指出：「未來最成功的公司，將是那些基於學習型組織的公司。」學習型組織是企業未來發展的趨勢，一個企業只有當它是學習型組織的時候，只有保持持續學習熱情和勁頭的時候，才能保持有源源不斷地創新出現，才能具備快速應變市場的能力，才可以充分發揮員工人力資本和知識資本的作用，也才能實現企業滿意、顧客滿意、員工滿意、投資者和社會滿意的最終目標。未來成功的企業必然是學習型的企業，是終身學習的企業。

　　企業核心競爭力的培養和提升離不開知識的創新、積累、轉移和共用，這就要求企業應該成為一個與時俱進的學習型組織和知識型組織。

心得欄

第四節　創建學習型團隊的策略

　　創建學習型組織不像讀書、看報那麼簡單，拿來就讀，讀完就扔回原處。創建學習型組織是一個系統工程，絕不是件簡單的事情。我認為創建學習型組織有如下四個步驟：

1.改善心智模式

　　人一定要換觀念，假如員工沒有換觀念，解僱他；假如你沒有換觀念，炒掉你自己。因為企業、社會、市場會淘汰你。

2.自我超越

　　全世界最有錢的人是誰，此時此刻是比爾·蓋茨，比爾·蓋茨是世界首富，他為什麼那麼成功。有人說他成功的秘訣是：⑴他眼光好。他能看到別人沒有看到的趨勢和商機；⑵他選擇的行業好。他選了一個未來最大趨勢行業之一，軟體行業；⑶他特別善於管理團隊。

　　有一次他在哈佛大學招聘了一批優秀的大學生來銷售他公司的軟體。有一個人，非常優秀，來公司後第一個月的第一週，他10套產品就賣了6套，也覺得自己很不錯，他找到比爾·蓋茨，想得到比爾·蓋茨的讚賞和獎勵，沒想到比爾·蓋茨說，你這個垃圾，沒有用的東西，請滾出去。他傻眼了，果然是世界首富，已經這麼優秀了，但在他眼中卻不值一提。第二週自然拼命地努力，第二週，他見了10個客戶，成交了10個客戶，

這個人夠棒了。他說，比爾‧蓋茨老闆，你看我多麼努力，找10個客戶，成交了10個客戶，你要給我獎金、紅利。這時比爾‧蓋茨破口大罵，為什麼你只成交10個客戶，第十一個客戶在那裏？第十二個客戶在那裏？這個人一聽傻眼了，果然是世界首富。

第三週16個客戶成交了16個客戶，這次更令這位銷售沒有想到，比爾‧蓋茨說：你被開除了。銷售員滿腔熱情卻遭遇一盆冷水澆頭，心中不解，問比爾‧蓋茨開除他的原因。比爾‧蓋茨說，「你是這批業務員中業績最差的一個。」

3.建立共同願景

為什麼員工沒有動力，沒有活力，因為你沒有願景，沒有造夢。兩年時間A公司做到了中原地區最有規模的公司。A公司的員工送給主管一個外號：造夢高手。主管很喜歡他們，他們也很喜歡這位主管。這位主管時常對他們塑造願景，半年要做什麼，一年要做什麼，未來兩年要做什麼。半年後是個什麼樣，一年後是個什麼樣，未來兩年又是什麼樣。主管在不斷地描繪未來，勾勒藍圖。當然，這位主管不會僅僅在口頭上給他們夢想，他還要給他們達成夢想的方法和步驟，他要讓他們相信，自己說的這些美好未來，經過努力是可以達成的。

一個新員工到公司裏來，半年要成為什麼樣子，一年要成為什麼樣子。這位新員工要成為一位講師，還是一個職業經理人，這位主管已經給他的藍圖給規劃好了。結果，他們的團隊是當地員工流失率最少的一個公司，就是因為他們建立了共同願景。

4.交流思考

當說到 IBM、松下、新力的時候,你想到了誰,你可能想不起是誰,但他們又為什麼那麼成功?這裏面就有個道理了,他的企業不管誰來做總裁,他的企業都會做得很好,因為他的企業已建立起有效的財務系統、管理系統、行銷系統等各個系統。不管誰來做經理,企業照做不誤。你覺得這樣的企業有沒有生命力。不像國內有些企業,總裁不幹了,企業就差點死掉;不像某個公司,某個員工跳槽了,公司就會虧損。

創建學習型企業的兩個觀念:

1.每天進步 1%

這個觀念很多人都聽過,但有沒有做到過卻不好說。日本最高管理獎項給了戴明博士,戴明博士到日本去開班授課,聽課的有日本企業界很多企業家,其中也有松下幸之助、本田宗一郎,可是各位知道嗎?松下幸之助也好、本田宗一郎也好,他們不在聽,而是聽完之後怎麼著,聽話照做,所以他們那麼成功,而我們很多老闆聽得很認真,但沒有認真去做,所以就成了現在這個樣子。

2.交流、互動、溝通學習

孔子說:三人行,必有我師。要向不同的人學習,向不同的行業學習,向同行業的人學習,甚至向下屬學習。

交流、互動、溝通學習很重要,一個觀念換一個觀念,真的可以得到同步增長。

┌─────────────────────────────┐
│ 打造你的成功團隊 │培訓遊戲
└─────────────────────────────┘

遊戲名稱：開發你的潛力

主旨：

全面的瞭解、評價自己的能力，是打開自我潛力開發的鑰匙。本培訓遊戲以專業水準、高實用操作性，充分整合了管理基礎知識，讓學員充分瞭解自己所具有的潛能。

◎ **遊戲開始**

時間：35 分鐘

人數：不限(4 人一組)

◎ **遊戲話術：**

相信大家所在的團隊都是頭腦靈活和有創新意念的隊伍，是不斷向前、尋求進步的隊伍。團隊的進步離不開每位成員的貢獻，貢獻多少，取決於成員能力的強弱，大家瞭解自己的潛能嗎？知道自己是否具有待開發的潛能？有那些潛能？能做什麼？能力在那裏？每個人所具備的能力可能有上百種之多，認真探索自己的技能，你會驚訝於自己竟然如此多才多藝！

◎ **遊戲步驟：**

1. 老師開場白。

2. 就下列題目，請學生在空紙上填寫：

⑴在紙上列下你曾經成功完成的工作(如：辦一項社團活動、微積分考 90 分以上、打電腦速度超過原有記錄)，並於其後想想完成這項工作需要有那些技能，並將之列下。

(2)回顧你新受過的教育、所修的課程，在這些過程中，你學會了那些技能，將它們羅列下來。

(3)再想想你平常經常從事的活動，列下這些活動需要的技能，繼續擴充你的技能表。

(4)請回想一次你在工作(不是單指職業，指你曾做過的事)上所曾經歷的一次高峰經驗(意指很快樂、很感動的一刻)，與你旁邊的同學分享這次的經驗，並分析在這些經驗中顯現出你的那些能力，把它記錄下來。

3. 四人一組分享你列的能力表，同時互相討論與這些能力有關的職業有那些。

4. 老師結語：爭勿妄自菲薄，輕視自己的能力！

◎ **績效評估討論：**

1. 你是否正確評價自己所具有的潛能呢？回答這些問題是不是表現出個人的能力，在什麼樣的情況下可以相互轉化？

2. 你們從這個遊戲中學習到什麼東西呢？這些認識將如何改變你對自己的看法？

3. 為什麼對自己的瞭解從來沒有像現在這樣的清楚？事實會證明你對自己的評價是否確切，你可以聽聽他人的意見。

4. 在現實生活中，你們對妄自尊大的如何評價？你們在遊戲中的表現是否也犯有同樣的毛病呢？

5. 你們的自我認識是否符合他人評價？

6. 你們已經準確認識到自己的潛力所在，那麼你們將如何在現實中去挖掘自己的潛力呢？

圖 書 出 版 目 錄

1. 傳播書香社會，凡向本出版社購買（或郵局劃撥購買），一律 9 折優惠。
   服務電話 (02) 27622241　(03) 9310960　傳真 (02) 27620377　(03) 9310961

2. 請將書款用 ATM 自動扣款轉帳到我公司下列的銀行帳戶。
   銀行名稱：合作金庫銀行　帳號：5034-717-347447
   公司名稱：憲業企管顧問有限公司

3. 郵局劃撥號碼：18410591　郵局劃撥戶名：憲業企管顧問公司

4. 圖書出版資料隨時更新，請見網站　www.bookstore99.com

5. **電子雜誌贈品**　回饋讀者，免費贈送《環球企業內幕報導》電子報，
   請將你的 e-mail、姓名，告訴我們編輯部郵箱 huang2838@yahoo.com.tw
   即可。

～～～～ 經營顧問叢書 ～～～～

73	領導人才培訓遊戲	360 元	127	如何建立企業識別系統	360 元
76	如何打造企業贏利模式	360 元	128	企業如何辭退員工	360 元
77	財務查帳技巧	360 元	129	邁克爾·波特的戰略智慧	360 元
78	財務經理手冊	360 元	130	如何制定企業經營戰略	360 元
79	財務診斷技巧	360 元	131	會員制行銷技巧	360 元
80	內部控制實務	360 元	132	有效解決問題的溝通技巧	360 元
81	行銷管理制度化	360 元	133	總務部門重點工作	360 元
82	財務管理制度化	360 元	134	企業薪酬管理設計	
83	人事管理制度化	360 元	135	成敗關鍵的談判技巧	360 元
84	總務管理制度化	360 元	137	生產部門、行銷部門績效考核手冊	360 元
85	生產管理制度化	360 元			
86	企劃管理制度化	360 元	138	管理部門績效考核手冊	360 元
87	電話行銷倍增財富	360 元	139	行銷機能診斷	360 元
88	電話推銷培訓教材	360 元	140	企業如何節流	360 元
90	授權技巧	360 元	141	責任	360 元
91	汽車販賣技巧大公開	360 元	142	企業接棒人	360 元
92	督促員工注重細節	360 元	144	企業的外包操作管理	360 元
94	人事經理操作手冊	360 元	145	主管的時間管理	360 元
97	企業收款管理	360 元	146	主管階層績效考核手冊	360 元
98	主管的會議管理手冊	360 元	147	六步打造績效考核體系	360 元
100	幹部決定執行力	360 元	148	六步打造培訓體系	360 元
106	提升領導力培訓遊戲	360 元	149	展覽會行銷技巧	360 元
107	業務員經營轄區市場	360 元	150	企業流程管理技巧	360 元
109	傳銷培訓課程	360 元	152	向西點軍校學管理	360 元
112	員工招聘技巧	360 元	153	全面降低企業成本	360 元
113	員工績效考核技巧	360 元	154	領導你的成功團隊	360 元
114	職位分析與工作設計	360 元	155	頂尖傳銷術	360 元
116	新產品開發與銷售	400 元	156	傳銷話術的奧妙	360 元
122	熱愛工作	360 元	158	企業經營計劃	360 元
124	客戶無法拒絕的成交技巧	360 元	159	各部門年度計劃工作	360 元
125	部門經營計劃工作	360 元	160	各部門編制預算工作	360 元

163	只為成功找方法，不為失敗找藉口	360 元	200	如何推動目標管理（第三版）	390 元
166	網路商店創業手冊	360 元	201	網路行銷技巧	360 元
167	網路商店管理手冊	360 元	202	企業併購案例精華	360 元
168	生氣不如爭氣	360 元	204	客戶服務部工作流程	360 元
169	不景氣時期，如何鞏固老客戶	360 元	205	總經理如何經營公司(增訂二版)	360 元
170	模仿就能成功	350 元	206	如何鞏固客戶（增訂二版）	360 元
171	行銷部流程規範化管理	360 元	207	確保新產品開發成功(增訂三版)	360 元
172	生產部流程規範化管理	360 元	208	經濟大崩潰	360 元
173	財務部流程規範化管理	360 元	209	鋪貨管理技巧	360 元
174	行政部流程規範化管理	360 元	210	商業計劃書撰寫實務	360 元
176	每天進步一點點	350 元	212	客戶抱怨處理手冊(增訂二版)	360 元
177	易經如何運用在經營管理	350 元	213	現金為王	360 元
178	如何提高市場佔有率	360 元	214	售後服務處理手冊（增訂三版）	360 元
180	業務員疑難雜症與對策	360 元	215	行銷計劃書的撰寫與執行	360 元
181	速度是贏利關鍵	360 元	216	內部控制實務與案例	360 元
182	如何改善企業組織績效	360 元	217	透視財務分析內幕	360 元
183	如何識別人才	360 元	219	總經理如何管理公司	360 元
184	找方法解決問題	360 元	220	如何推動利潤中心制度	360 元
185	不景氣時期，如何降低成本	360 元	222	確保新產品銷售成功	360 元
186	營業管理疑難雜症與對策	360 元	223	品牌成功關鍵步驟	360 元
187	廠商掌握零售賣場的竅門	360 元	224	客戶服務部門績效量化指標	360 元
188	推銷之神傳世技巧	360 元	226	商業網站成功密碼	360 元
189	企業經營案例解析	360 元	227	人力資源部流程規範化管理（增訂二版）	360 元
191	豐田汽車管理模式	360 元	228	經營分析	360 元
192	企業執行力（技巧篇）	360 元	229	產品經理手冊	360 元
193	領導魅力	360 元	230	診斷改善你的企業	360 元
194	注重細節（增訂四版）	360 元	231	經銷商管理手冊(增訂三版)	360 元
197	部門主管手冊(增訂四版)	360 元	232	電子郵件成功技巧	360 元
198	銷售說服技巧	360 元	233	喬‧吉拉德銷售成功術	360 元
199	促銷工具疑難雜症與對策	360 元			

234	銷售通路管理實務〈增訂二版〉	360 元
235	求職面試一定成功	360 元
236	客戶管理操作實務〈增訂二版〉	360 元
237	總經理如何領導成功團隊	360 元
238	總經理如何熟悉財務控制	360 元
239	總經理如何靈活調動資金	將出版

《商店叢書》

4	餐飲業操作手冊	390 元
5	店員販賣技巧	360 元
8	如何開設網路商店	360 元
9	店長如何提升業績	360 元
10	賣場管理	360 元
11	連鎖業物流中心實務	360 元
12	餐飲業標準化手冊	360 元
13	服飾店經營技巧	360 元
14	如何架設連鎖總部	360 元
18	店員推銷技巧	360 元
19	小本開店術	360 元
20	365 天賣場節慶促銷	360 元
21	連鎖業特許手冊	360 元
23	店員操作手冊（增訂版）	360 元
25	如何撰寫連鎖業營運手冊	360 元
26	向肯德基學習連鎖經營	350 元
28	店長操作手冊（增訂三版）	360 元
29	店員工作規範	360 元
30	特許連鎖業經營技巧	360 元
32	連鎖店操作手冊（增訂三版）	360 元
33	開店創業手冊〈增訂二版〉	360 元

| 34 | 如何開創連鎖體系〈增訂二版〉 | 360 元 |
| 35 | 商店標準操作流程 | 360 元 |

《工廠叢書》

1	生產作業標準流程	380 元
5	品質管理標準流程	380 元
6	企業管理標準化教材	380 元
9	ISO 9000 管理實戰案例	380 元
10	生產管理制度化	360 元
11	ISO 認證必備手冊	380 元
12	生產設備管理	380 元
13	品管員操作手冊	380 元
15	工廠設備維護手冊	380 元
16	品管圈活動指南	380 元
17	品管圈推動實務	380 元
20	如何推動提案制度	380 元
24	六西格瑪管理手冊	380 元
29	如何控制不良品	380 元
30	生產績效診斷與評估	380 元
31	生產訂單管理步驟	380 元
32	如何藉助 IE 提升業績	380 元
34	如何推動 5S 管理（增訂三版）	380 元
35	目視管理案例大全	380 元
36	生產主管操作手冊(增訂三版)	380 元
37	採購管理實務（增訂二版）	380 元
38	目視管理操作技巧(增訂二版)	380 元
39	如何管理倉庫（增訂四版）	380 元
40	商品管理流程控制(增訂二版)	380 元
41	生產現場管理實戰	380 元
42	物料管理控制實務	380 元

43	工廠崗位績效考核實施細則	380 元
46	降低生產成本	380 元
47	物流配送績效管理	380 元
49	6S 管理必備手冊	380 元
50	品管部經理操作規範	380 元
51	透視流程改善技巧	380 元
55	企業標準化的創建與推動	380 元
56	精細化生產管理	380 元
57	品質管制手法〈增訂二版〉	380 元
58	如何改善生產績效〈增訂二版〉	380 元
59	部門績效考核的量化管理〈增訂三版〉	380 元

《醫學保健叢書》

1	9 週加強免疫能力	320 元
2	維生素如何保護身體	320 元
3	如何克服失眠	320 元
4	美麗肌膚有妙方	320 元
5	減肥瘦身一定成功	360 元
6	輕鬆懷孕手冊	360 元
7	育兒保健手冊	360 元
8	輕鬆坐月子	360 元
9	生男生女有技巧	360 元
10	如何排除體內毒素	360 元
11	排毒養生方法	360 元
12	淨化血液 強化血管	360 元
13	排除體內毒素	360 元
14	排除便秘困擾	360 元
15	維生素保健全書	360 元

16	腎臟病患者的治療與保健	360 元
17	肝病患者的治療與保健	360 元
18	糖尿病患者的治療與保健	360 元
19	高血壓患者的治療與保健	360 元
21	拒絕三高	360 元
22	給老爸老媽的保健全書	360 元
23	如何降低高血壓	360 元
24	如何治療糖尿病	360 元
25	如何降低膽固醇	360 元
26	人體器官使用說明書	360 元
27	這樣喝水最健康	360 元
28	輕鬆排毒方法	360 元
29	中醫養生手冊	360 元
30	孕婦手冊	360 元
31	育兒手冊	360 元
32	幾千年的中醫養生方法	360 元
33	免疫力提升全書	360 元
34	糖尿病治療全書	360 元
35	活到 120 歲的飲食方法	360 元
36	7 天克服便秘	360 元
37	為長壽做準備	360 元

《幼兒培育叢書》

1	如何培育傑出子女	360 元
2	培育財富子女	360 元
3	如何激發孩子的學習潛能	360 元
4	鼓勵孩子	360 元
5	別溺愛孩子	360 元
6	孩子考第一名	360 元
7	父母要如何與孩子溝通	360 元

8	父母要如何培養孩子的好習慣	360 元
9	父母要如何激發孩子學習潛能	360 元
10	如何讓孩子變得堅強自信	360 元

《成功叢書》

1	猶太富翁經商智慧	360 元
2	致富鑽石法則	360 元
3	發現財富密碼	360 元

《企業傳記叢書》

1	零售巨人沃爾瑪	360 元
2	大型企業失敗啓示錄	360 元
3	企業併購始祖洛克菲勒	360 元
4	透視戴爾經營技巧	360 元
5	亞馬遜網路書店傳奇	360 元
6	動物智慧的企業競爭啓示	320 元
7	CEO 拯救企業	360 元
8	世界首富 宜家王國	360 元
9	航空巨人波音傳奇	360 元
10	傳媒併購大亨	360 元

《智慧叢書》

1	禪的智慧	360 元
2	生活禪	360 元
3	易經的智慧	360 元
4	禪的管理大智慧	360 元
5	改變命運的人生智慧	360 元
6	如何吸取中庸智慧	360 元
7	如何吸取老子智慧	360 元
8	如何吸取易經智慧	360 元
9	經濟大崩潰	360 元

《DIY 叢書》

1	居家節約竅門 DIY	360 元
2	愛護汽車 DIY	360 元
3	現代居家風水 DIY	360 元
4	居家收納整理 DIY	360 元
5	廚房竅門 DIY	360 元
6	家庭裝修 DIY	360 元
7	省油大作戰	360 元

《傳銷叢書》

4	傳銷致富	360 元
5	傳銷培訓課程	360 元
7	快速建立傳銷團隊	360 元
9	如何運作傳銷分享會	360 元
10	頂尖傳銷術	360 元
11	傳銷話術的奧妙	360 元
12	現在輪到你成功	350 元
13	鑽石傳銷商培訓手冊	350 元
14	傳銷皇帝的激勵技巧	360 元
15	傳銷皇帝的溝通技巧	360 元
16	傳銷成功技巧（增訂三版）	360 元
17	傳銷領袖	360 元

《財務管理叢書》

1	如何編制部門年度預算	360 元
2	財務查帳技巧	360 元
3	財務經理手冊	360 元
4	財務診斷技巧	360 元
5	內部控制實務	360 元
6	財務管理制度化	360 元
7	現金爲王	360 元
8	財務部流程規範化管理	360 元
9	如何推動利潤中心制度	360 元

《培訓叢書》

1	業務部門培訓遊戲	380 元
2	部門主管培訓遊戲	360 元
3	團隊合作培訓遊戲	360 元
4	領導人才培訓遊戲	360 元
8	提升領導力培訓遊戲	360 元
9	培訓部門經理操作手冊	360 元
11	培訓師的現場培訓技巧	360 元
12	培訓師的演講技巧	360 元
14	解決問題能力的培訓技巧	360 元
15	戶外培訓活動實施技巧	360 元
16	提升團隊精神的培訓遊戲	360 元
17	針對部門主管的培訓遊戲	360 元
18	培訓師手冊	360 元
19	企業培訓遊戲大全（增訂二版）	360 元

為方便讀者選購，本公司將一部分上述圖書又加以專門分類如下：

《企業制度叢書》

1	行銷管理制度化	360 元
2	財務管理制度化	360 元
3	人事管理制度化	360 元
4	總務管理制度化	360 元
5	生產管理制度化	360 元
6	企劃管理制度化	360 元

《主管叢書》

1	部門主管手冊	360 元
2	總經理行動手冊	360 元
3	營業經理行動手冊	360 元
4	生產主管操作手冊	380 元
5	店長操作手冊（增訂版）	360 元
6	財務經理手冊	360 元

7	人事經理操作手冊	360 元

《總經理叢書》

1	總經理如何經營公司(增訂二版)	360 元
2	總經理如何管理公司	360 元
3	總經理如何領導成功團隊	360 元
4	總經理如何熟悉財務控制	360 元
5	總經理如何靈活調動資金	

《人事管理叢書》

1	人事管理制度化	360 元
2	人事經理操作手冊	360 元
3	員工招聘技巧	360 元
4	員工績效考核技巧	360 元
5	職位分析與工作設計	360 元
6	企業如何辭退員工	360 元
7	總務部門重點工作	360 元
8	如何識別人才	360 元
9	人力資源部流程規範化管理（增訂二版）	360 元

《理財叢書》

1	巴菲特股票投資忠告	360 元
2	受益一生的投資理財	360 元
3	終身理財計劃	360 元
4	如何投資黃金	360 元
5	巴菲特投資必贏技巧	360 元
6	投資基金賺錢方法	360 元
7	索羅斯的基金投資必贏忠告	360 元
8	巴菲特為何投資比亞迪	360 元

《網路行銷叢書》

1	網路商店創業手冊	360 元
2	網路商店管理手冊	360 元
3	網路行銷技巧	360 元
4	商業網站成功密碼	360 元
5	電子郵件成功技巧	360 元
6	搜索引擎行銷密碼(即將出版)	

《經濟叢書》

1	經濟大崩潰	360 元
2	石油戰爭揭秘(即將出版)	

回饋讀者，免費贈送**《環球企業內幕報導》**電子報，請將你的 e-mail、姓名，告訴我們 huang2838@yahoo.com.tw 即可。

經營顧問叢書 ㉓⑦　　售價：360 元

總經理如何領導成功團隊

西元二〇一〇年六月　　初版一刷

編著：呂嘉泉
策劃：麥可國際出版有限公司（新加坡）
編輯：蕭玲
校對：焦俊華
發行人：黃憲仁
發行所：憲業企管顧問有限公司
電話：(02) 2762-2241　(03) 9310960　0930872873
臺北聯絡處：臺北郵政信箱第 36 之 1100 號
銀行 ATM 轉帳：合作金庫銀行　帳號：**5034-717-347447**
郵政劃撥：**18410591　憲業企管顧問有限公司**
江祖平律師顧問：紙品書、數位書著作權與版權均歸本公司所有
登記證：行政業新聞局版台業字第 6380 號

本公司徵求海外版權出版代理商（0930872873）

ISBN：978-986-6421-60-0

擴大編制，誠徵新加坡、臺北編輯人員，請來函接洽。